F*CK DIÄT

DIE ABNEHM-LÜGE UND DER WEG DA RAUS

Der 100-Hacks-Masterplan für neue Gewohnheiten und nachhaltiges Abnehmen ohne Jojo-Effekt

PATRICK FABIAN

ERLÄUTERUNG ZUM THEMA GENDERN

Im vorliegenden Buch habe ich mich bewusst entschieden, auf geschlechtsspezifisches Gendern zu verzichten.

Diese Entscheidung ist keineswegs als Ausdruck mangelnder Wertschätzung oder Anerkennung für alle Geschlechter zu verstehen. Vielmehr zielt sie darauf ab, den Text fließend und verständlich zu halten, ohne durch geschlechtsspezifische Formulierungen unnötige Unterbrechungen zu schaffen.

Durch die bewusste Neutralität in der Sprache möchte ich sicherstellen, dass die Kernbotschaften dieses Buches klar und unverfälscht beim Leser ankommen.

DEIN EXKLUSIVES BONUSMATERIAL

Damit du das Maximum aus diesem Buch mitnehmen und die Inhalte noch besser umsetzen kannst, habe ich eine Menge an Zusatzmaterialien erstellt. Diese Ressourcen sind perfekt auf die einzelnen Kapitel abgestimmt und stehen dir natürlich kostenlos zur Verfügung.

Du findest sie unter dem folgenden Link:

www.orbita-media.de/abnehmen-bonus

Oder scanne einfach den QR-Code.

Hinweis: Über diesen QR-Code gelangst du zum allgemeinen Downloadbereich, wo du auch alle interaktiven Elemente wie Checklisten, Arbeitsblätter und Formulare findest.

INHALT

DER AUTOR

Patrick Fabian, geboren 1987 in Berlin, entdeckte früh seine Leidenschaft für Sport und Fitness. Bereits mit zwölf Jahren sammelte er als Leichtathlet erste praktische Erfahrungen im Athletiktraining, die er ab dem 15. Lebensjahr durch ergänzendes Kraft- und Fitnesstraining weiter vertiefte. Neben dem Sport spielte auch die Ernährung stets eine zentrale Rolle in seinem Leben – zwei Leidenschaften, die später seinen beruflichen Weg prägen sollten.

Doch zunächst schlug Patrick einen ganz anderen Pfad ein: Um sein Durchhaltevermögen zu beweisen und sowohl sich selbst als auch seine Eltern zufriedenzustellen (auch wenn diese es nie verlangten), studierte er nach dem Abitur Geowissenschaften an der Freien Universität Berlin und schloss mit einem Bachelor of Science ab. Seine ausgeprägte soziale Ader führte ihn in den Süden Indiens, wo er sich in einem Entwicklungshilfeprojekt in einem Slum engagierte. Gleichzeitig eröffnete ihm seine athletische Erscheinung neue Türen – als Fitnessmodel, Gogo-Tänzer und schließlich als Bühnenkünstler bei SixxPaxx sowie als freischaffender Darsteller für TV-Produktionen. Über fünf Jahre hinweg war er zudem in der beliebten Scripted-Reality-Serie „Berlin – Tag & Nacht“ als André Neumann zu sehen.

Parallel dazu baute Patrick sich eine Reichweite als Fitness- und Lifestyle-Influencer auf Instagram auf, wo er heute über 315.000 Follower (Stand Januar 2026) mit wertvollen Tipps rund um Gesundheit, Ernährung und Fitness inspiriert. Trotz des Erfolgs in der Unterhaltungsbranche spürte er jedoch, dass ihm etwas Entscheidendes fehlte: echte Selbstverwirklichung.

Sport war für ihn immer mehr als nur ein Hobby – es war sein persönliches Ventil zum Stressabbau und sein Schlüssel zu körperlichem und mentalem Wohlbefinden. Doch wie viele andere wurde auch er in den sozialen Medien mit Mythen und Halbwissen rund um Fitness und Ernährung konfrontiert. Durch jahrelanges Trial-and-Error-Lernen, intensive Fachlektüre und wissenschaftlich fundierte Lehrgänge vertiefte er sein Wissen systematisch. Schließlich entschied er sich, seine Erfahrungen professionell zu nutzen: Er erwarb verschiedene Trainerscheine sowie eine Ausbildung zum Ernährungsberater und machte seine Leidenschaft endgültig zum Beruf.

Seit 2021 begleitet Patrick Fabian mit seinem erfolgreichen Lifestyle- und Gesundheitscoaching Menschen dabei, fitter, gesünder und zufriedener zu werden. Über seine Plattform www.patrickfabianfitness.de und eine eigene Coaching-App konnte er bereits Hunderten von Klienten helfen, ihr Wunschgewicht zu erreichen und ihre Lebensqualität zu steigern.

Doch nicht jeder kann oder möchte sich ein individuelles 1:1-Coaching leisten. Um möglichst vielen Menschen zu helfen, hat Patrick sein wertvollstes Wissen hier in seinem ersten Buch zusammengefasst. Mit diesem Werk bringt er Licht ins Dunkel der Ernährungs- und Fitnesswelt und zeigt, dass nachhaltiges Abnehmen weder kompliziert noch frustrierend sein muss.

PATRICK FABIAN FITNESS

365 UPGRADE

VORWORT

ENDLICH SCHLUSS MIT DIÄTMYTHEN UND ERNÄHRUNGSWIRRWARR

Dieses ständige Hin und Her geht mir auf die Nerven! Wie soll man denn wissen, was man essen darf oder sollte, wenn jeder etwas anderes behauptet? Ein Blick auf Instagram reicht aus, um zehn verschiedene Meinungen zu ein und demselben Thema zu finden. Und mal ehrlich: Sind diese selbsternannten Fitness-Influencer überhaupt Experten – oder plappern sie nur nach, was sie irgendwo aufgeschnappt haben? Manchmal erinnert das Ganze an das beliebte Kindergeburtstagsspiel „Stille Post": verzerrt, fehlerhaft und irgendwann kaum noch nachvollziehbar. Ganz zu schweigen von denen, die Produkte nur empfehlen, weil sie dafür bezahlt werden – ein bisschen mehr Rückgrat wäre da eigentlich wünschenswert.

Googelt man dann noch seine körperlichen Beschwerden, steht man gefühlt mit einem Bein im Grab. Und will man sich über Nahrungsergänzungsmittel oder Superfoods informieren, scheint es nur darum zu gehen, einem das Geld aus der Tasche zu ziehen. Aber was ist denn jetzt wirklich wichtig? Wie viele Kalorien sollte man zu sich nehmen? Sind nun Fette oder Kohlenhydrate die Bösen? Und wie trifft man fundierte Entscheidungen für seine Gesundheit, ohne von all dem Informationschaos erschlagen zu werden? Genau darum geht es in diesem Buch. Hier bekommen Sie klare, wissenschaftlich fundierte Antworten – verständlich und alltagstauglich erklärt.

Als diplomierter Fitnesstrainer und Ernährungsberater beschäftige ich mich tagtäglich mit diesen Themen – es ist mein Beruf, es ist meine Leidenschaft, es ist mein Lebensinhalt. Doch ich habe volles Verständnis dafür, dass nicht jeder sich so tief in die Materie einarbeiten kann oder will. Wer sich bisher noch nie mit Makronährstoffen oder Kalorien auseinandergesetzt hat, fühlt sich schnell überfordert, wenn er sich dem Thema Ernährung annähern möchte. Aber wie heißt es so schön? Wissen ist Macht! Und wenn Ihr Ziel ist, gesünder zu leben, abzunehmen oder Muskeln aufzubauen, dann lohnt es sich, ein gewisses Grundverständnis zu entwickeln. Denn am Ende geht es nicht darum, blind Anweisungen zu befolgen – sondern zu verstehen, *warum* bestimmte Maßnahmen sinnvoll sind.

Vielleicht haben Sie bereits darüber nachgedacht, einen Personal Trainer oder Ernährungsberater zu konsultieren – oder es sogar schon getan. Sich Hilfe zu holen kann ein schwerer, aber vor allem auch sinnvoller Schritt sein. Dieses Buch soll Ihnen helfen, ein besseres Bewusstsein für Ihren Körper und Ihre Gesundheit zu entwickeln. Wer langfristig erfolgreich sein will, muss verstehen, was eine ausgewogene, bedarfsgerechte Ernährung wirklich bedeutet.

Glückwunsch zu dieser Investition in Ihre Zukunft! Dieses Buch wird Sie dabei unterstützen, Klarheit in das Wirrwarr aus Mythen und Halbwahrheiten zu bringen – und endlich einen nachhaltig gesunden Lebensstil zu etablieren.

Los geht's!

WIE DIESES BUCH ZU HANDHABEN IST

Moment, nicht so voreilig. Bevor es losgeht, ein paar Hinweise, wie Sie dieses Buch am besten nutzen.

Die ***100 Tipps*** umfassen die Kategorien Ernährung, Bewegung, Motivation und Lebensgewohnheiten. ***Jeder Tipp steht dabei für sich***, ist ohne das Lesen der anderen Tipps verständlich und umsetzbar.

Das heißt: Sie müssen das Buch nicht chronologisch von vorne bis hinten lesen, und auch nicht alles auf einmal. Sie können nach Belieben blättern, einzelne Tipps auslassen, hin- und herspringen oder auch bei Tipp 100 anfangen und rückwärts lesen.

Es gibt grundlegende Faktoren, die Ihr Abnehmen maßgeblich beeinflussen – zum Beispiel Schlaf, Wasserzufuhr, Aktivität, Kalorienbilanz, Zuckerreduktion und nicht zuletzt Durchhaltevermögen. Weil diese Aspekte so entscheidend sind, ***finden sie sich jeweils in verschiedenen Tipps wieder*** – teils vertiefend, teils aus einer anderen Perspektive oder mit einem anderen Fokus.

Der Aufbau dieses Buches hilft Ihnen, genau die Tipps zu entdecken, die wirklich zu Ihnen passen und Sie weiterbringen. Vielleicht sind Sie in manchen Bereichen schon gut aufgestellt, haben aber in anderen Nachholbedarf. Vielleicht brauchen Sie auch auf manche Ratschläge einfach eine neue Sicht, um sie motiviert in Ihr Leben aufnehmen zu können.

Wichtig ist: ***Das Ziel ist nicht, in einer bestimmten Zeit oder „perfekt" alles durchzuarbeiten und umzusetzen!*** Vielmehr geht es darum, ***nachhaltige Gewohnheiten zu entwickeln*** – und das geschieht in Ihrem eigenen Tempo, auf Ihre eigene Art.

Setzen Sie sich nicht unter Druck. Nehmen Sie sich Zeit. Finden Sie Wege, die zu Ihrem Alltag passen. Niemand kennt Ihr Leben besser als Sie selbst. Was Sie haben, was Sie wollen, was Sie brauchen. Wer bin ich, darüber zu urteilen?

Nur eines ist ziemlich klar: Wenn Sie hier sind und dieses Buch in Ihren Händen halten, dann haben Sie höchstwahrscheinlich das Ziel, abzunehmen und sich besser zu fühlen – und genau dabei werde ich Sie mit meinen Tipps unterstützen.

SO NUTZEN SIE DIESES BUCH OPTIMAL

Ich empfehle Ihnen, wie schon gesagt, die Tipps in der Geschwindigkeit und Reihenfolge umzusetzen, wie es sich für Sie gut anfühlt und wie es am besten in Ihren Alltag zu integrieren ist.

Eine sinnvolle Strategie könnte sein:

Pro Tag einen neuen Tipp lesen und direkt anwenden – welchen, bleibt Ihnen überlassen.

Nach spätestens drei neuen Tipps eine Pause machen, um das Wissen zu verarbeiten.

Fragen stellen:
Setze ich diesen Tipp bereits um?
Würde er in meinen Alltag passen?
Wie kann ich ihn konkret für mich nutzen?

Überfliegen Sie das Buch nicht einfach, sondern nehmen Sie sich bewusst Zeit. Vielleicht lesen Sie jeden Abend ein oder zwei Seiten – eine einfache Routine, die dabei hilft, den Input besser zu verarbeiten, und die Sie sogar beim Einschlafen unterstützen kann. Denn ja, Schlaf spielt eine entscheidende Rolle beim Abnehmen!

Nutzen Sie ruhig Textmarker, Haftstreifen oder Notizen, um wichtige Stellen zu markieren. Dieses Buch ist ein ***Arbeitsbuch***, das Sie dabei unterstützt, Ihr Verhalten zu hinterfragen und nachhaltig zu ändern.

Nochmal der Hinweis: Beim aufmerksamen Lesen werden Sie sicher merken, dass sich ***Kernpunkte wiederholen – das ist Absicht***. Es dient dazu, die wichtigsten Inhalte zu festigen, und so können Sie Tipps überspringen, ohne dass Lücken entstehen.

LESEN, ANWENDEN, WIEDERHOLEN!

Es ist nicht nur sinnvoll, sondern absolut empfehlenswert, dieses Buch nach einiger Zeit ein zweites Mal zu lesen. Denken Sie an einen Film, den Sie schon zweimal gesehen haben – haben Sie wirklich jedes Detail beim ersten Mal bemerkt? Wahrscheinlich nicht. Beim erneuten Lesen werden Sie andere Schwerpunkte setzen, neue Details entdecken und vielleicht mit einem ganz neuen Blickwinkel an die Inhalte herangehen.

Apropos Blickwinkel: Falls Sie nach einem guten Film suchen – *8 Blickwinkel* mit Laurence Fishburne ist mein Tipp! Ein grandioser Schauspieler! Obwohl ich Ihnen vom Filmeschauen später noch abraten werde. Wobei wie bei allem gilt: Die Menge macht das Gift.

Jedenfalls wünsche ich mir für Ihren Erfolg, dass Sie bei diesem Buch nicht nur halbherzig bei der Sache sind. Nehmen Sie sich Zeit. Lesen Sie mit voller Aufmerksamkeit – es wird sich lohnen.

THEORIE IST GUT – UMSETZUNG IST BESSER!

„Wissen ist Macht" – aber nur, wenn Sie es anwenden! Ein Raucher weiß, dass Rauchen ungesund ist. Ein Alkoholiker weiß, dass er zu viel trinkt. Doch Wissen allein reicht nicht. Entscheidend ist die ***tägliche Umsetzung.***

Um schlechte Gewohnheiten abzulegen und positive neue Routinen zu etablieren, muss man selbst aktiv in die Umsetzung kommen. Suchen Sie sich einen der Hacks aus und notieren Sie sich im Handy oder auf einem gesonderten Blatt Papier, was genau er verändert. Richten Sie einen entsprechenden Alarm als Erinnerung ein oder kleben Sie das Blatt mit Ihren neuen Aufgaben bzw. dem, was Sie sein lassen wollen, dorthin, wo Sie es sehen. Kein Snacken mehr auf der Couch? Kleben Sie den Zettel auf die Couch, an das Schubfach mit den Snacks – oder verschenken Sie direkt alle Snacks, um ganz sicherzugehen. Finden Sie Möglichkeiten, Ihr neues Wissen direkt in Ihren Alltag zu integrieren.

KLARTEXT STATT FACHCHINESISCH

Ich werde in diesem Buch bewusst auf unnötig komplizierte Fachbegriffe verzichten. Natürlich könnte ich Sie mit wissenschaftlichen Studien, englischen Fachbegriffen und lateinischen Bezeichnungen aus der Anatomie des Menschen bombardieren – aber wozu? Ich möchte, dass Sie alles verstehen und sofort umsetzen können. Wenn doch mal ein Begriff auftaucht, erkläre ich ihn direkt.

Falls Sie Fehler finden oder konstruktive Kritik haben, schreiben Sie mir gerne eine Mail an ***info@patrickfabianfitness.de*** mit dem Betreff ***„F*CK DIÄT"***. Es ist mein erstes Buch – und wie heißt es so schön: Es ist noch kein Meister vom Himmel gefallen!

Doch nun genug der Worte – starten wir endlich Ihre Abnehmreise.

DAS WICHTIGSTE VORAB

GRUNDLAGEN, DIE ÜBER DEN ABNEHMERFOLG ENTSCHEIDEN

Eigentlich soll dieses Buch ja aus 100 Hacks bestehen. Doch manches ist einfach so wichtig, dass ich es im Voraus betonen muss – also gibt es hier erstmal ein paar Tipps extra. Diese sind die Basis für Ihre Abnehmreise, darum empfehle ich Ihnen, sie nicht zu überblättern.

IN DER HAUPTROLLE: DIE ERNÄHRUNG

70–80% des Erfolgs beim Abnehmen hängen von Ihrer Nahrungsaufnahme ab, während Bewegung und Sport nur 20–30% ausmachen. Heißt das, Sie können sich das Schwitzen sparen? Das würde ich nicht raten, aber Sie können mit der richtigen Ernährung auch ohne exzessives Training bereits viel erreichen – während selbst das beste Training wenig bringt, wenn Ihre Ernährung nicht stimmt.

Das Problem? Es gibt unzählige Fallen. Zuckerbomben, künstliche Zusatzstoffe, hochverarbeitete Lebensmittel – wir sind von Produkten umgeben, die uns nicht satt, sondern süchtig machen. Leider gibt es in der Schule kein Fach, das uns beibringt, wie wir uns wirklich gesund ernähren. In meinen Augen wäre das Fach „Ernährung und Gesundheit“ mindestens so wichtig wie Mathematik – und das sage ich, obwohl ich im Abitur Mathe-Leistungskurs hatte. Aber die Notwendigkeit einer Reform des Schulsystems ist ein anderes Thema.

Du bist, was du isst.

Ein Blick in Ihren Kühlschrank oder Einkaufswagen verrät mehr über Sie, als Sie denken. Jedes Lebensmittel, das Sie kaufen, landet früher oder später in Ihrem Körper. Oder – und das ist leider oft der Fall – im Mülleimer. Und ich bin ein großer Gegner von Lebensmittelverschwendung.

Denn mit jedem weggeworfenen Lebensmittel verschwenden Sie nicht nur das Produkt selbst, sondern auch die gesamte Energie und Arbeit, die in dessen Herstellung geflossen sind. Vom Geld mal ganz zu schweigen! Daher mein Tipp: Gehen Sie mit einem Plan einkaufen.

Checken Sie Ihre Vorratskammer:
Was ist noch da?

Planen Sie Ihre Mahlzeiten:
Was wollen Sie in den nächsten Tagen essen?

> **Schreiben Sie eine Einkaufsliste:**
> Kaufen Sie nur, was Sie wirklich brauchen.

Viele meiner Kunden, die mit meinen Ernährungsplänen arbeiten, merken schnell: Sie geben beim Einkaufen weniger Geld aus, ohne weniger zu essen. Im Gegenteil, viele sind erstaunt, wie satt sie plötzlich sind – das liegt an der Nährstoffdichte, zu der wir später noch kommen.

Weniger hamstern, bewusster einkaufen

Eine weitere Strategie gegen Verschwendung: Mehrmals die Woche einkaufen, statt alles auf Vorrat zu bunkern.

Als meine Großeltern verstarben und wir ihre Vorratskammer ausräumten, fanden wir Lebensmittelvorräte für mindestens ein Jahr – und viele Packungen, die längst abgelaufen waren. Klar, sie gehörten einer anderen Generation an. Heute aber, wo wir jederzeit Zugang zu frischen Lebensmitteln haben, gibt es keinen Grund mehr für Hamsterkäufe.

Übrigens: Ich bin selbst jemand, der Lebensmittel auch nach Ablauf des Mindesthaltbarkeitsdatums noch konsumiert – denn das MHD ist kein Wegwerf-Datum! Falls Sie unsicher sind, halten Sie sich an den großartigen Spruch der Organisation *SIRPLUS*, die sich gegen Lebensmittelverschwendung einsetzt:

> **„Sehen, riechen, schmecken statt nur das MHD zu checken!"**

Denn oft sind Lebensmittel weit über das Mindesthaltbarkeitsdatum hinaus noch völlig in Ordnung – also machen Sie den Test, bevor Sie sie voreilig entsorgen!

Exkurs: MHD

Das Mindesthaltbarkeitsdatum (MHD) ist ein auf Lebensmittelverpackungen angegebenes Datum, das angibt, bis zu welchem Zeitpunkt ein Produkt unter angemessenen Lagerbedingungen seine spezifischen Eigenschaften wie Geschmack, Farbe, Konsistenz und Nährwert beibehält.

Bedeutung des Mindesthaltbarkeitsdatums

Viele Verbraucher missverstehen das Mindesthaltbarkeitsdatum und betrachten es fälschlicherweise als Verfallsdatum. Tatsächlich handelt es sich dabei jedoch lediglich um eine Empfehlung des Herstellers, ab wann das Produkt möglicherweise nicht mehr die optimalen Eigenschaften aufweist. Ein Lebensmittel kann also oft noch nach Ablauf des MHDs bedenkenlos verzehrt werden, sofern es nicht verdorben ist.

Unterschied zum Verbrauchsdatum

Im Gegensatz zum Mindesthaltbarkeitsdatum gibt das Verbrauchsdatum („zu verbrauchen bis") an, bis wann ein Produkt sicher verzehrt werden sollte. Nach diesem Zeitpunkt können gesundheitliche Risiken entstehen, weshalb dieses Datum vor allem bei leicht verderblichen Waren wie rohem Fleisch, Hackfleisch, frischem Fisch oder abgepackten Salatkreationen verwendet wird. Ein Überschreiten des Verbrauchsdatums kann zu ernsthaften Gesundheitsgefahren wie Lebensmittelvergiftungen führen. Beispielsweise kann frisches Hackfleisch nach dem Verbrauchsdatum krankheitserregende Bakterien enthalten und sollte daher keinesfalls mehr verzehrt werden.

Worauf basiert das Mindesthaltbarkeitsdatum?

Das Mindesthaltbarkeitsdatum wird von den Herstellern festgelegt und basiert auf umfangreichen Tests zur Haltbarkeit des Produkts. Dabei werden verschiedene Faktoren wie Feuchtigkeit, Sauerstoff, Licht, Temperatur und andere Umwelteinflüsse berücksichtigt. Die Angabe des MHDs erfolgt so, dass die Produkte unter normalen Lagerbedingungen bis zu diesem Zeitpunkt ihre Qualität beibehalten.

Nach dem Mindesthaltbarkeitsdatum: Wann ist ein Produkt noch sicher?

Viele Lebensmittel sind auch nach Ablauf des Mindesthaltbarkeitsdatums noch sicher zu verzehren. Besonders bei trockenen, verpackten oder konservierten Lebensmitteln kann man anhand von Aussehen, Geruch und Geschmack prüfen, ob das Produkt noch genießbar ist. Auch Joghurt oder Käse sind häufig noch Tage bis Wochen nach dem angegebenen Datum in einwandfreiem Zustand, solange sie keine Anzeichen von Schimmel oder ungewöhnlichem Geruch aufweisen. Ein Joghurt, der nach dem MHD noch frisch riecht und keine sichtbaren Veränderungen zeigt, kann in der Regel weiterhin bedenkenlos verzehrt werden.

Produkte mit langer Haltbarkeit nach dem Mindesthaltbarkeitsdatum

Einige Produkte haben von Natur aus eine sehr lange Haltbarkeit und verlieren oft nur minimal an Qualität, selbst wenn das MHD weit überschritten ist. Dazu gehören beispielsweise Honig, Reis, Nudeln oder getrocknete Gewürze. Solche Lebensmittel können bei richtiger Lagerung über Jahre hinaus verzehrbar bleiben. Allerdings ist es wichtig, den Zustand der Verpackung im Auge zu behalten, da beschädigte oder geöffnete Verpackungen die Haltbarkeit beeinträchtigen können. Honig ist ein klassisches Beispiel für ein nahezu unbegrenzt haltbares Lebensmittel, das selbst nach vielen Jahren noch genießbar bleibt, obwohl das Mindesthaltbarkeitsdatum überschritten wurde.

Lagerung als Schlüssel zur Haltbarkeit

Die richtige Lagerung von Lebensmitteln spielt eine entscheidende Rolle für ihre Haltbarkeit. Lebensmittel, die kühl, trocken und lichtgeschützt aufbewahrt werden, halten in der Regel länger. Falsche Lagerung, wie das Lagern bei hohen Temperaturen oder in feuchten Umgebungen, kann die Haltbarkeit erheblich verkürzen und dazu führen, dass Lebensmittel sogar vor Ablauf des Mindesthaltbarkeitsdatums verderben.

Vermeidung von Verschwendung von Lebensmitteln durch das Verständnis des MHD

Das Bewusstsein darüber, dass das Mindesthaltbarkeitsdatum nicht mit einem Verfallsdatum gleichzusetzen ist, kann dazu beitragen, Lebensmittelverschwendung zu reduzieren. Viele Menschen werfen Lebensmittel weg, sobald das MHD erreicht ist, obwohl diese häufig noch einwandfrei genießbar sind. Indem man die Qualität von Lebensmitteln prüft und bewusst mit ihnen umgeht, können unnötige Entsorgungen vermieden werden. Anstatt Produkte nach dem MHD sofort wegzuwerfen, sollte man sie zuerst auf ihren Zustand hin überprüfen, um festzustellen, ob sie noch verwendet werden können.

Vorsicht bei empfindlichen Lebensmitteln

Obwohl viele Lebensmittel nach Ablauf des Mindesthaltbarkeitsdatums noch sicher zu verzehren sind, gibt es Ausnahmen. Besonders empfindliche Produkte wie Milch, Eier oder Wurstwaren verderben schneller und bergen nach dem MHD ein höheres Gesundheitsrisiko. Diese Produkte sollten besonders gründlich geprüft werden, bevor man sie noch verzehrt. Tipp: Bei Eiern hilft der Wassertest. Hierfür wird das Ei in ein Glas Wasser gelegt – schwimmt es, statt auf dem Boden zu liegen, ist das Ei verdorben und sollte nicht mehr gegessen werden.

Verbraucheraufklärung und MHD

Das richtige Verständnis des Mindesthaltbarkeitsdatums ist ein zentraler Bestandteil der Verbraucheraufklärung. Es hilft nicht nur dabei, Lebensmittelverschwendung zu vermeiden, sondern fördert auch einen bewussteren Umgang mit Nahrungsmitteln. Wer das MHD korrekt interpretiert, kann sicherer entscheiden, welche Produkte noch verwendet werden können und welche wirklich entsorgt werden müssen. Durch eine bessere Aufklärung wird das Bewusstsein dafür gestärkt, wie man Lebensmittel effizienter nutzt und Abfall reduziert.

WARUM VERBOTE MEINE ERNÄHRUNG BEEINFLUSSEN – UND WIE ICH DAMIT UMGEHE

Meine Ernährung entscheidet zum großen Teil darüber, ob ich erfolgreich bin oder nicht. Trotzdem löst das Wort „Diät" in mir – und wahrscheinlich auch in Ihnen – eher gemischte Gefühle aus. Diese negative Assoziation ist eigentlich völlig unbegründet.

Der Begriff „Diät" stammt aus dem Griechischen „diaita" und bedeutet nichts anderes als „Lebensweise" oder „Regel der Lebensführung". Heute wird er meist mit strengen Ernährungsplänen verbunden, die darauf abzielen, Gewicht zu reduzieren oder die Gesundheit zu verbessern. Doch in den meisten Fällen sind Diäten von Regeln und Verboten geprägt – und wer mir auf Instagram folgt, weiß genau, wie ich zu Verboten stehe.

Wir alle kennen diesen besonderen Reiz, den das Verbotene auf uns ausübt. Ich bin sicher, dass ich nicht die einzige Person bin, die hier und da schon schwach geworden ist. Aber warum eigentlich?

Der Reiz des Verbotenen – und warum ich ihm oft nicht widerstehen kann

Es ist ein psychologisches Phänomen: Dinge, die als unerreichbar oder verboten gelten, scheinen plötzlich besonders attraktiv. Unser Verhalten wird dabei von unterschiedlichen Mechanismen gesteuert, die uns fast automatisch in diese Richtung lenken. Und nicht nur in Bezug auf Essen – es heißt ja nicht umsonst, dass vergebene Männer oder Frauen manchmal interessanter wirken als Singles. Aber bleiben wir mal bei der Ernährung.

Leider wurde unser Verlangen nach bestimmten Lebensmitteln über Jahre hinweg durch Werbung und gesellschaftliche Einflüsse geprägt. Die gute Nachricht: Genau das bedeutet auch, dass man sich dieses Verhalten wieder abtrainieren kann.

Ein entscheidender Punkt ist die menschliche Neugier. Sobald etwas verboten oder nur begrenzt verfügbar ist, wirkt es auf uns besonders wertvoll. Genau diese Wahrnehmung steigert unser Verlangen. Wenn wir wissen, dass wir etwas nur für eine kurze Zeit bekommen können, wollen wir es umso mehr.

Ich ertappe mich selbst regelmäßig dabei, wie ich auf Aufschriften wie „Limited Edition“ hereinfalle. Vermutlich liegt das an meiner FOMO – meiner „Fear of Missing Out“, der Angst, etwas zu verpassen. Ein perfektes Beispiel: Diese eine Sorte Yogurette mit Buttermilch-Zitrone und weißer Schokolade, die es nur alle paar Jahre im Sommer gibt. Oder andere Sondereditionen, die ich einfach probieren muss. Mein Gehirn ist darauf programmiert, Knappheit als Zeichen von Wert zu interpretieren – und das macht es mir schwer, zu widerstehen.

Ich hoffe, dass ich Sie jetzt nicht unbewusst dazu verführt habe, direkt in die Küche zu gehen und Schokolade zu naschen!

Warum es für mich keine strikten Verbote gibt

Das Problem ist: Je stärker ich mir bestimmte Lebensmittel verbiete, desto größer wird mein Verlangen nach genau diesen Dingen. Es ist ein Teufelskreis. Deshalb gibt es in meinem Online-Coaching keine strengen Verbote. Ich darf ab und zu naschen – wichtig ist nur, dass meine Kalorienbilanz über die Woche hinweg stimmt. Wenn ich an einem Tag mal über meinem Limit liege, kann ich das an einem anderen Tag ausgleichen. So entsteht gar nicht erst dieser verbotene Reiz.

Denn ich weiß, dass ich nicht ständig „Nein“ sagen kann. Niemand kann das. Irgendwann würde ich schwach werden – nicht, weil ich willensschwach bin, sondern weil es schlichtweg menschlich ist. Und genau deshalb gehe ich mit mir selbst nicht zu hart ins Gericht.

Was Naschen mit Freiheit zu tun hat

Sobald mir etwas untersagt wird, spüre ich oft einen inneren Widerstand. Es ist, als würde mir jemand meine Freiheit nehmen, als hätte ich plötzlich weniger Kontrolle über meine Entscheidungen. Genau dieses Gefühl verstärkt in mir den Drang, das Verbotene auszuprobieren – fast wie eine stille Rebellion gegen die auferlegte Grenze. In gewisser Weise bin ich wie ein Kind, das testen will, wie weit es gehen kann.

Gleichzeitig merke ich, dass es dabei nicht nur um Trotz geht, sondern auch um das Bedürfnis, meine eigene Unabhängigkeit zu spüren. Wenn ich eine Regel breche, geht es mir nicht um den Regelverstoß an sich, vielmehr um die Bestätigung, dass ich selbst entscheide, was ich tue. Aber das Einhalten von Vorgaben erfordert Selbstdisziplin – und die ist nichts, womit man einfach geboren wird. Ich muss sie trainieren, Schritt für Schritt.

Dann kommt noch etwas dazu: das Risiko. Dinge, die mir verboten sind, üben oft auch deshalb eine besondere Anziehungskraft aus, weil sie mit möglichen Konsequenzen verbunden sind. Die Spannung, das Ungewisse, das kleine Abenteuer – all das kann dafür sorgen, dass sich meine Vernunft manchmal in den Hintergrund drängt. „Was soll schon passieren, wenn ich mir jetzt ein Stück Schokolade gönne?“ Diese Frage stelle ich mir öfter, als mir lieb ist.

Wenn ich darüber nachdenke, ist der Reiz des Verbotenen eine Mischung aus Neugier, Widerstand gegen Einschränkungen, dem Gefühl von Knappheit und dem Spiel mit Risiken. All diese Faktoren beeinflussen mein Verhalten und verändern, wie ich bestimmte Dinge wahrnehme.

SELBSTKONTROLLE – MEINE BEGRENZTE RESSOURCE

Wenn ich mir selbst eine Diät auferlege oder mir bestimmte Dinge verbiete, stehe ich genau vor dieser Herausforderung: durchhalten, verzichten, Nein sagen – auch dann, wenn die Versuchung groß ist. Essen ist für mich oft mehr als bloße Nahrungsaufnahme. Es kann ein Trost sein, eine Belohnung oder eine kleine Auszeit vom Alltag. Und wenn ich genau weiß, dass mir ein Stück Schokolade guttut, warum sollte ich dann krampfhaft darauf verzichten und es mir unnötig schwer machen?

Doch wie lange kann ich Versuchungen eigentlich widerstehen? Meine Fähigkeit, Nein zu sagen, fühlt sich nicht unerschöpflich an – und das ist sie auch nicht. Je nach Tagesform und Situation fällt es mir mal leichter, mal schwerer, standhaft zu bleiben. Ich kenne Menschen, die scheinbar mühelos auf Dinge verzichten können, während ich mich immer wieder von äußeren Einflüssen mitreißen lasse.

Studien zeigen, dass unsere Selbstkontrolle im Laufe des Tages nachlässt – ein Phänomen, das als „Ego-Depletion“ bekannt ist. Nach unzähligen kleinen Entscheidungen, die Disziplin erfordern, merke ich, dass es mir zunehmend schwerer fällt, weiterhin vernünftig zu handeln. Wenn ich tagsüber ständig über meine Ernährung nachdenke oder mich gegen spontane Gelüste wehre, dann schwächelt meine Willenskraft am Abend.

Deshalb macht es für mich Sinn, schwierige Entscheidungen oder unangenehme Aufgaben auf den Vormittag zu legen, so lange meine mentale Energie noch hoch ist. Je später der Tag, desto größer die Wahrscheinlichkeit, dass ich Dinge aufschiebe oder mich mit Ablenkungen beschäftige. Selbstkontrolle ist also nicht nur eine Frage des Willens, sondern auch der klugen Planung meiner eigenen Ressourcen.

Wie ich meine Selbstkontrolle stärke – und Versuchungen gezielt minimiere

Ich habe festgestellt, dass es nicht nur *eine* Strategie gibt, um meine Selbstkontrolle aufrechtzuerhalten. Vorausschauende Planung ist dabei ein echter Gamechanger. Wenn ich mich auf mögliche Versuchungen vorbereite und klare Regeln für mich selbst aufstelle, muss ich gar nicht erst lange überlegen oder mich in schwierigen Momenten zwischen „Soll ich?" und „Soll ich nicht?" zerreißen.

Ein Beispiel: Ich habe einen Bürojob und bringe mein eigenes Essen in Form von Meal-Prep mit. Damit erspare ich mir die Versuchung, beim Lieferdienst oder am Imbiss ungesundes, teures und oft wenig sättigendes Fast Food zu bestellen. Ein weiteres Beispiel sind die Süßigkeiten, die in vielen Büros ständig griffbereit stehen. Stattdessen stelle ich mir lieber einen Obstteller auf den Schreibtisch oder nehme gesunde Snackalternativen mit. So gönne ich mir bewusst etwas für zwischendurch, ohne grundsätzlich auf Snacks verzichten zu müssen.

Warum kleine Pausen meine Selbstkontrolle retten

Ich merke sofort, wenn meine Willenskraft nachlässt – und genau dann hilft mir eine Pause. Regelmäßige kleine Auszeiten geben mir die Möglichkeit, meine mentale Energie wieder aufzuladen. Es ist, als würde ich mein „Nein-Konto" auffüllen. Danach fällt es mir leichter, Versuchungen zu widerstehen, ohne dass es sich wie ein riesiger Kraftakt anfühlt.

Weshalb Routinen und Gewohnheiten mein Leben erleichtern

Was mir noch hilft: Entscheidungen zu automatisieren. Wenn bestimmte Verhaltensweisen zur Routine werden, brauche ich weniger bewusste Selbstkontrolle. Genau deshalb setze ich auf feste Gewohnheiten, die mich meinen Zielen näherbringen. Je weniger ich aktiv über eine Entscheidung nachdenken muss, desto einfacher halte ich durch.

Belohnungen als Motivation – aber bitte die richtigen

Ein weiterer Trick, um am Ball zu bleiben, ist das Arbeiten mit Belohnungen. Wenn ich einen Monat lang keine Schokolade gegessen habe, frage ich mich: Brauche ich sie überhaupt noch für mein Glück? Stattdessen gönne ich mir lieber eine echte Belohnung – zum Beispiel einen entspannten Tag in der Therme. Ganz egal, womit ich mich motiviere (gut, eine Tüte Chips wäre jetzt nicht die beste Wahl) – wenn ich meine Fortschritte bewusst feiere, bleibe ich mit mehr Entschlossenheit dabei.

Meine Umgebung bewusst gestalten – und Versuchungen ausschalten

Ich habe gelernt, dass ich Versuchungen aktiv minimieren kann, indem ich meine Umgebung bewusst gestalte. Wenn ich erst gar keine ungesunden Snacks zu Hause habe oder mein Arbeitsplatz so eingerichtet ist, dass er mich nicht ständig in Versuchung führt, muss ich gar nicht erst mit meiner Selbstkontrolle kämpfen. Viele greifen aus Langeweile oder Gewohnheit zu ungesunden Snacks – doch das lässt sich vermeiden.

Natürlich kann ich nicht genau sagen, wie oft ich am Tag Nein sagen kann. Das hängt von vielen Faktoren ab: meiner Tagesform, meinem Stresslevel und sogar meiner Ernährung. Aber ich kann die Bedingungen so gestalten, dass meine Willenskraft nicht ständig auf die Probe gestellt wird. Mit bewusster Planung, regelmäßigen Pausen und festen Routinen fällt es mir viel leichter, meine Selbstkontrolle zu behalten – und Versuchungen gar nicht erst eine Chance zu geben.

NEIN SAGEN – WARUM ES MEIN LEBEN VERÄNDERT HAT

Zu lernen, Nein zu sagen, gehört zu den wichtigsten Fähigkeiten, die mir helfen, ein ausgeglichenes und erfülltes Leben zu führen. Dabei geht es nicht nur um ungesundes Essen, sondern um so viel mehr. Ob in persönlichen Beziehungen, im Job oder bei meiner eigenen Selbstfürsorge – oft fällt es mir schwer, klare Grenzen zu setzen. Ich will hilfsbereit sein, denke, mein soziales Ansehen hängt davon ab. Aber ich habe gelernt: Es ist völlig in Ordnung, wenn ich mal keine Zeit, keine Kraft oder einfach andere Prioritäten habe. Nein zu sagen hat mein Leben positiv verändert – warum, verrate ich Ihnen jetzt.

Ich schütze meine eigenen Ressourcen

Meine Zeit, meine Energie und meine emotionale Kraft sind nicht unendlich. Wenn ich immer Ja sage, nur um anderen einen Gefallen zu tun, bleibt nichts mehr für mich selbst übrig. Ich habe erlebt, dass ständiges Zustimmen dazu führt, dass ich mich überfordert und ausgelaugt fühle.

> **Mein Aha-Moment:** Früher habe ich im Job ständig zusätzliche Aufgaben übernommen, obwohl ich schon genug zu tun hatte. Das Ergebnis? Meine eigene Leistung hat gelitten, und irgendwann war ich nur noch gestresst. Heute setze ich klare Grenzen – und arbeite dadurch sogar effektiver.

Ich stärke meine Selbstachtung

Nein zu sagen bedeutet, dass ich mich und meine eigenen Bedürfnisse ernst nehme. Ich habe festgestellt, dass es mein Selbstvertrauen enorm stärkt, wenn ich meine Prioritäten verteidige.

> **Mein Aha-Moment:** Früher hatte ich Angst, abgelehnt zu werden, wenn ich Nein sage. Doch jetzt weiß ich: Wer mich respektiert, akzeptiert meine Grenzen. Und ich selbst gewinne dadurch mehr Selbstachtung.

Ich reduziere Stress und Überlastung

Früher war mein Alltag oft ein einziger Stressmarathon. Ich wollte es allen recht machen und habe mich in Verpflichtungen gestürzt, die mich überfordert haben. Heute nehme ich mir bewusst den Raum für Pausen und Regeneration – und das beginnt mit einem klaren „Nein“.

> **Mein Aha-Moment:** Ich war in so viele private und berufliche Projekte involviert, dass ich irgendwann einfach nicht mehr konnte. Erst als ich begann, konsequent Grenzen zu setzen, habe ich gemerkt, wie viel entspannter und ausgeglichener ich sein kann.

Ich kann meine Prioritäten klar setzen

Indem ich Nein sage, schaffe ich Platz für die Dinge, die mir wirklich wichtig sind. Statt meine Zeit für etwas zu verschwenden, was mich nicht weiterbringt, konzentriere ich mich auf das, was mir am Herzen liegt.

> **Mein Aha-Moment:** Früher habe ich mich verpflichtet gefühlt, zu jedem Event zu gehen, jede Einladung anzunehmen. Das hatte zur Folge, dass mir die Zeit für meine eigenen Ziele gefehlt hat. Jetzt überlege ich genau, was mir wichtig ist, und entscheide mich dementsprechend.

Ich lasse mich nicht mehr ausnutzen

Ich habe gelernt, dass Menschen, die immer Ja sagen, oft ausgenutzt werden. Heute bin ich achtsamer und lasse mich nicht mehr manipulieren. Ich entscheide selbst, worauf ich mich einlasse.

> **Mein Aha-Moment:** Ein Kollege hat mir regelmäßig seine Aufgaben aufgedrückt, weil er wusste, dass ich nie ablehne. Irgendwann habe ich einfach „Nein" gesagt – und siehe da, er hat sich eine andere Lösung gesucht. Seitdem achte ich darauf, meine eigenen Grenzen klar zu setzen.

Nein zu sagen ist für mich zu einer echten Superkraft geworden. Es gibt mir die Kontrolle über mein eigenes Leben zurück – und das fühlt sich großartig an.

Ich stärke meine Beziehungen durch Ehrlichkeit

Früher dachte ich, ein Nein könnte meine Beziehungen belasten. Doch das Gegenteil ist der Fall: Wenn ich ehrlich meine Grenzen kommuniziere, schaffe ich Vertrauen und gegenseitigen Respekt. Menschen schätzen Klarheit mehr als ein halbherziges „Ja", das später zu Frust führt.

> **Mein Aha-Moment:** Eine Freundin rief mich ständig an, um sich über ihre Probleme auszutauschen. Ich hörte immer geduldig zu, auch wenn ich selbst erschöpft war. Irgendwann wagte ich es, ihr zu sagen, dass ich gerade keine Energie dafür habe – und wissen Sie, was? Sie verstand es. Seitdem sind unsere Gespräche viel ausgeglichener.

Heute weiß ich: Ein ehrliches Nein kann eine Beziehung sogar stärken, weil es zeigt, dass ich mich selbst respektiere.

Ich entscheide selbst, was mir wichtig ist

Nein zu sagen bedeutet, bewusste Entscheidungen zu treffen – für mich, nicht für andere. Statt automatisch allem zuzustimmen, halte ich inne und frage mich: Will ich das wirklich? Passt es in mein Leben?

> **Mein Aha-Moment:** Ein Nachbar bat mich, um 14 Uhr ein Paket anzunehmen. Früher hätte ich, ohne nachzudenken, zugesagt – obwohl ich eigentlich zum Sport wollte. Doch diesmal sagte ich freundlich: „Tut mir leid, ich bin nicht da." Und wissen Sie, was passiert ist? Er fand eine andere Lösung.

Seitdem treffe ich Entscheidungen, die mir guttun – ohne schlechtes Gewissen.

Ich schaffe Raum für das, was mich weiterbringt

Wer immer nur für andere da ist, hat wenig Zeit für sich selbst. Ich habe gelernt, dass ein Nein oft bedeutet, Ja zu mir selbst zu sagen – zu meinen Zielen, meinen Träumen, meiner Gesundheit.

> **Mein Aha-Moment:** Ich hatte so viele Verpflichtungen, dass ich abends zu müde war, um mein Lieblingsbuch zu lesen oder eine neue Sprache zu lernen. Seit ich öfter Nein sage, bleibt mir endlich Zeit für die Dinge, die mich wirklich erfüllen.

Jedes Nein ist ein kleines Geschenk an meine Zukunft.

Ich lebe ausgeglichener und zufriedener

Früher fühlte ich mich oft ausgelaugt, weil ich es allen recht machen wollte. Heute nehme ich mir bewusst Zeit für mich, ohne mich schuldig zu fühlen. Denn ein ausgeglichenes Leben beginnt mit klaren Grenzen.

> **Mein Aha-Moment:** Ein Kollege fragte mich kurzfristig, ob ich eine Aufgabe für ihn übernehmen könnte. Ich wusste, dass es mich zusätzlich stressen würde – also lehnte ich höflich ab. Überraschung: Er schaffte es auch allein!

Jetzt genieße ich mehr Zeit für meine Hobbys, meine Erholung und die Menschen, die mir wirklich wichtig sind.

Nein zu sagen ist meine Superkraft

Früher hatte ich Angst, andere zu enttäuschen. Heute weiß ich: Ein Nein ist nichts Egoistisches – es ist Selbstfürsorge. Ich übernehme die Kontrolle über mein Leben, treffe bewusstere Entscheidungen und fühle mich stärker als je zuvor.

Hätte ich nicht gelernt, Nein zu sagen, wäre ich heute nicht so ausgeglichen und zufrieden – und dieses Buch gäbe es wohl auch nicht.

DAS UNSYMPATHISCHE WORT: DIÄT

Aber wo war ich stehengeblieben? Ah, richtig, bei der Diät. Warum kommt uns dieses Wort eigentlich so unsympathisch vor? Sind alle Diäten wirklich zum Scheitern verurteilt? Nein, sicherlich nicht. Aber es kommt darauf an, wie man es angeht. FDH (Friss die Hälfte), Keto, LowCarb, HighProtein – was ist nun das Beste? Und vor allem, was funktioniert für mich? Mein Motto ist: Probieren geht über Studieren.

Das Wichtigste, wenn es um Fettabbau geht, ist das Kaloriendefizit – ganz egal, wie Sie es erreichen. Aber hier kommt der entscheidende Punkt: Sie müssen einen Weg finden, der zu Ihnen passt. Einen, der zu Ihren Vorlieben und Ihrem Lebensstil passt, den Sie langfristig umsetzen können. Es darf kein Stress sein, kein Druck, kein Jojo-Effekt oder ständiger Heißhunger. Es geht darum, dass Sie sich dabei wohlfühlen und es nachhaltig funktioniert.

Eine Diät bedeutet meistens, bestimmte Lebensmittel zu reduzieren oder umzustellen, vielleicht mit einer klaren Vorgabe, wie viel oder was Sie essen dürfen. Das Ziel einer Diät kann sehr unterschiedlich sein: Gewichtsreduktion, das Management von Erkrankungen wie Diabetes oder Herz-Kreislauf-Problemen oder einfach die Förderung einer besseren Gesundheit und Vitalität. Wichtig ist nur, dass Sie den richtigen Weg für sich finden, der sich nicht wie eine Zwangsmaßnahme anfühlt.

Der Sinn einer Diät

Wenn ich an den Sinn einer Diät denke, fällt mir sofort der Gedanke an Gewichtsreduktion ein. Und tatsächlich ist das der häufigste Grund, warum viele Menschen eine Diät beginnen. Meistens geht es darum, die Kalorienaufnahme zu reduzieren, um ein Kaloriendefizit zu erreichen, das letztlich zu Gewichtsverlust führt. Das kann auf unterschiedliche Weise geschehen: durch kleinere Portionen, das Weglassen bestimmter Nahrungsmittel, die Umverteilung von Makronährstoffen oder den Verzehr kalorienärmerer Lebensmittel.

Aber eine Diät kann noch viel mehr. Manchmal geht es darum, die eigene Gesundheit zu verbessern oder bestimmten Erkrankungen vorzubeugen. Das ist häufig sogar nur ein positiver Nebeneffekt der Gewichtsreduktion. So können bestimmte Diäten helfen, den Blutdruck zu senken, den Blutzuckerspiegel bei Diabetes zu stabilisieren oder die Herzgesundheit zu fördern. Aber auch eine langfristige Veränderung der Ernährungsgewohnheiten – wie mehr Obst und Gemüse zu essen oder verarbeitete Lebensmittel zu meiden – kann eine Diätform sein, die die Gesundheit langfristig unterstützt.

Es ist wichtig, sich bewusst zu machen, dass der Begriff „Diät" nicht immer dasselbe bedeutet. Nicht jede Diät ist gesund oder nachhaltig. Es gibt Diäten, die wissenschaftlich fundiert und effektiv sind, aber auch solche, die schnell und drastisch sind und nicht langfristig funktionieren. Deshalb finde ich es entscheidend, eine Diät zu wählen, die ausgewogen, individuell angepasst und für den eigenen Lebensstil umsetzbar ist. Eine Diät ist für mich nicht nur eine schnelle Lösung zum Abnehmen, sondern eine Möglichkeit, meine Ernährung bewusst zu gestalten, um langfristig gesund zu bleiben.

Was „Diät" für mich bedeutet

Ernährung spielt in meinem Leben eine große Rolle, weil sie direkt den Kalorienhaushalt und meinen Stoffwechsel beeinflusst. Wenn ich abnehmen möchte, muss ich mehr Kalorien verbrauchen, als ich aufnehme. Eine ausgewogene Ernährung hilft mir, die Kalorien im Griff zu haben, ohne mich ständig hungrig oder unzufrieden zu fühlen. Besonders Lebensmittel, die nährstoffreich und kalorienarm sind – wie Obst, Gemüse und Vollkornprodukte –, unterstützen mich dabei, genügend Nährstoffe zu bekommen, ohne viel Energie in Form von Kalorien zu liefern.

Dabei geht es nicht nur darum, auf die Kalorien zu schauen, sondern auch um die Qualität der Lebensmittel. Es ist ein großer Unterschied, ob ich mich mit leeren Kalorien oder mit nährstoffreichen Lebensmitteln ernähre. Gesunde Fette, ausreichend Protein sowie Ballaststoffe sorgen für Sättigung und helfen mir zudem, meinen Stoffwechsel zu fördern und die Muskelmasse zu erhalten. Denn mehr Muskeln bedeuten, dass mein Körper mehr Kalorien verbrennt – selbst im Ruhezustand. Übrigens bleibt man durch ausreichend Muskulatur (man muss natürlich kein Hulk werden), bis ins hohe Alter selbstständig und kann seinen Alltag ohne Probleme meistern.

Auch der Blutzuckerspiegel spielt eine große Rolle. Wenn ich mich von raffinierten Zuckern und einfachen Kohlenhydraten ernähre, fühle ich mich schnell hungrig und unzufrieden, da der Blutzucker schnell ansteigt und wieder fällt. Ganz anders ist es, wenn ich mich mit komplexen Kohlenhydraten und Ballaststoffen versorge. Diese helfen, den Blutzucker zu stabilisieren und meinen Hunger langfristig in Schach zu halten.

Zusätzlich beeinflusst meine Ernährung die Hormonbalance. Eine unausgewogene Ernährung kann dazu führen, dass die Hormone aus dem Gleichgewicht geraten, was den Fettabbau erschwert. Eine ausgewogene Ernährung hilft, die richtigen Hormone im Gleichgewicht zu halten, was mir dabei hilft, Gewicht zu verlieren.

Und letztlich hat Ernährung auch Auswirkungen auf mein gesamtes Wohlbefinden. Sie stärkt mein Immunsystem, verbessert meine Haut und sorgt dafür, dass ich mich energiegeladener und motivierter fühle. Das ist nicht nur wichtig für meine Lebensqualität, sondern hilft mir auch dabei, mich aktiv zu halten und den Abnehmprozess zu unterstützen.

Kurz gesagt: Die tragende Säule einer erfolgreichen Diät ist für mich eine ausgewogene Ernährung. Sie hilft mir, mein Gewicht zu reduzieren und gleichzeitig langfristig gesünder zu leben – denn sie beeinflusst meinen Kalorienhaushalt und Stoffwechsel, und sie sorgt insgesamt dafür, dass ich mich besser fühle.

100 HACKS ZUM EFFEKTIVEN ABNEHMEN – LOS GEHT'S!

Jetzt kommen sie: meine 100 extrem wirkungsvollen Tipps, die Ihnen helfen werden, abzunehmen und Ihr Ergebnis langfristig zu halten. Wie schon gesagt: Jeder Tipp kann einzeln gelesen und angewendet werden, doch alle sind miteinander vernetzt. Ernährung, Bewegung, Motivation und gesunde Gewohnheiten greifen ineinander.

Also suchen Sie sich Ihre Goldstücke raus – und machen Sie Ihr Leben im wahrsten Sinne des Wortes LEICHTER!

TIPP 1: LANGSAM ESSEN – FÜR BESSERE SÄTTIGUNG

Langsam zu essen ist eine einfache, aber sehr wirkungsvolle Gewohnheit, die eine Vielzahl von Vorteilen für die Gesundheit und das Wohlbefinden bietet. Es wirkt sich positiv auf die Verdauung, das Gewicht und letztlich auch auf die Lebensqualität aus.

Verbesserung der Verdauung

Der erste Vorteil des langsamen Essens zeigt sich in einer besseren Verdauung. Wenn ich mir Zeit nehme, gründlich zu kauen, zerkleinere ich das Essen, sodass mein Magen und Darm entlastet werden. Durch das gründliche Kauen wird die Oberfläche der Nahrung vergrößert, sodass der Speichel mit seinen Verdauungsenzymen besser wirken kann. So beginnt die Verdauung schon im Mund. Im Magen hat die Magensäure bei der vergrößerten Oberfläche ein leichteres Spiel, und Nährstoffe werden besser aufgenommen. Das kann dabei helfen, Verdauungsprobleme wie Blähungen oder Sodbrennen zu vermeiden. Große Nahrungsstücke hingegen sind schwieriger zu verdauen, und sie rutschen manchmal nur teilweise verarbeitet durch den Magen und Darm. Deshalb gibt es auch die Redewendung: „Gut gekaut ist halb verdaut!“

Kontrolle der Nahrungsaufnahme

Wenn ich langsamer esse, kontrolliere ich auch automatisch meine Nahrungsaufnahme besser. Studien haben gezeigt, dass Menschen, die sich beim Essen Zeit lassen, tendenziell weniger Kalorien konsumieren und so ein geringeres Risiko für Übergewicht haben. Langsame Mahlzeiten helfen außerdem dabei, Heißhungerattacken zu reduzieren. Indem ich das Essen bewusst genieße, kann mein Gehirn schneller erkennen, wenn ich satt bin, und mein Appetit wird gebremst. Das hilft mir, nicht mehr zu essen, als ich eigentlich brauche, und das Verlangen nach Snacks zwischen den

Mahlzeiten sinkt. Diese Achtsamkeit erleichtert es mir, ein Kaloriendefizit zu erreichen und Gewicht zu verlieren.

Ein weiterer Vorteil des langsamen Essens ist, dass ich das Sättigungsgefühl besser wahrnehme. Der Körper braucht etwa 20 Minuten, um dem Gehirn das Signal zu senden, dass er satt ist. Esse ich langsam, habe ich genug Zeit, dieses Signal zu bemerken, bevor ich zu viel esse. So kann ich meine Mahlzeit beenden, bevor ich mich überessen habe, und unangenehmes Völlegefühl vermeiden.

Steigerung des Genusses

Langsame Mahlzeiten tragen auch dazu bei, dass ich das Essen intensiver genieße. Wenn ich mir Zeit nehme, die Aromen und Texturen der Speisen zu erleben, schmecke ich mehr und kann die Mahlzeit bewusster genießen. In der heutigen Zeit wird oft hastig gegessen oder mit vielen künstlichen Aromen gearbeitet, dabei kann ein einfaches Gericht wie Joghurt mit Obst und Nüssen schon wunderbar schmecken, wenn man es bewusst isst und darauf achtet, was man gerade genießt. Diese achtsame Herangehensweise fördert ein tieferes Bewusstsein für die Geschmäcker und Gerüche der Mahlzeiten und bereichert das gesamte Esserlebnis. So kann jede Mahlzeit zu einem Moment der Freude und Entspannung werden.

Psychologische Vorteile

Abgesehen von den körperlichen Vorteilen hat langsames Essen auch psychologische Vorteile. Wenn ich in Ruhe esse, reduziere ich meinen Stress und nehme das Essen als ein angenehmes Ritual wahr, nicht als hektischen, stressigen Prozess. Diese entspannte Art zu essen hilft mir, eine bessere Beziehung zum Essen zu entwickeln und gesündere Essgewohnheiten zu pflegen.

Langsames Essen ist somit eine wunderbare Möglichkeit, nicht nur die Verdauung und Nahrungsaufnahme bewusst zu steuern, sondern auch jede Mahlzeit zu einem genussvollen Moment zu machen, der langfristig das Wohlbefinden fördert und das Leben bereichert.

TIPP 2: VERSTECKTE KALORIEN IN ZUCKERHALTIGEN GETRÄNKEN MEIDEN

Zuckerhaltige Getränke können ein echtes Hindernis beim Abnehmen sein, da sie häufig unbewusst „überflüssige" Kalorien liefern. Limonade, Fruchtsäfte oder andere Erfrischungsgetränke enthalten oft 10g Zucker oder mehr pro 100ml, was bedeutet, dass man schon durch ein Glas diese Kalorien schnell aufnimmt, ohne dass man es wirklich bemerkt. Diese flüssigen Kalorien summieren sich rasch und können den Fortschritt beim Abnehmen erheblich bremsen. Wenn Klienten ihre Kalorienaufnahme tracken, wird dieser Aspekt häufig übersehen, obwohl genau diese Kalorien oft den Unterschied ausmachen. Es spricht nichts gegen Cola oder ähnliche Getränke – ich selbst bevorzuge dann aber Cola Zero. Wer den Geschmack sucht, doch Kalorien reduzieren will, sollte auf Zero-Produkte zurückgreifen, die heutzutage weit verbreitet sind. Es geht darum, bewusst Entscheidungen zu treffen. Treffen Sie die richtige.

Die Auswirkungen auf Blutzucker und Hunger

Zuckerhaltige Getränke liefern viele Kalorien, ohne den Körper wirklich satt zu machen. Im Gegensatz zu festen Nahrungsmitteln, die den Magen füllen und Sättigung vermitteln, gelangen die Kalorien aus Getränken schnell in den Körper, ohne dass er sie als „echte" Nahrung registriert. Nach dem Konsum eines zuckerhaltigen Getränks fühlen Sie sich oft genauso hungrig wie zuvor und greifen unbewusst zu weiteren Kalorien. Diese Getränke beeinflussen auch den Blutzuckerspiegel, indem sie ihn schnell ansteigen und dann ebenso schnell wieder abfallen lassen. Diese Schwankungen können Heißhungerattacken auf mehr Zucker auslösen und einen Teufelskreis in Gang setzen, der es erschwert, eine kalorienkontrollierte Ernährung beizubehalten.

Exkurs: Insulin und Blutzucker – ihre Rolle beim Abnehmen

Insulin- und Blutzuckerspiegel sind entscheidend für den Stoffwechsel und spielen eine wesentliche Rolle beim Abnehmen. Um zu verstehen, wie sie zusammenhängen und wie sie den Gewichtsverlust beeinflussen, werfen wir einen genaueren Blick auf ihre Funktionen im Körper.

Blutzucker: Energiequelle für den Körper

Der Blutzuckerspiegel gibt an, wie viel Glukose, also Zucker, im Blut zirkuliert. Glukose ist die wichtigste Energiequelle des Körpers, besonders für das Gehirn und die Muskeln. Nach dem Verzehr von Kohlenhydraten, wie sie in Brot, Nudeln oder Obst vorkommen, wird diese Nahrung im Verdauungstrakt in Glukose aufgespalten und gelangt ins Blut, was den Blutzuckerspiegel steigen lässt.

Insulin: Der Regulator des Blutzuckerspiegels

Steigt der Blutzuckerspiegel, reagiert der Körper mit der Produktion von Insulin durch die Bauchspeicheldrüse. Insulin ist ein Hormon, das hilft, den Blutzuckerspiegel zu regulieren, indem es den Zellen, besonders den Muskel- und Fettzellen, signalisiert, Glukose aus dem Blut aufzunehmen und entweder als Energie zu nutzen oder als Glykogen in der Leber zu speichern. Auf diese Weise sorgt Insulin dafür, dass der Blutzuckerspiegel wieder in den Normalbereich zurückkehrt.

Wie Insulin und Blutzucker den Gewichtsverlust beeinflussen

Beim Abnehmen spielen Insulin und Blutzucker eine wichtige Rolle, weil sie den Fettstoffwechsel steuern. Der Verzehr von kohlenhydratreichen Lebensmitteln lässt den Blutzuckerspiegel ansteigen, was zu einer erhöhten Insulinausschüttung führt. Insulin sorgt nicht nur für eine Senkung des Blutzuckerspiegels, sondern auch dafür, dass der Körper Fett speichert. Ist Insulin im Blut, fällt es dem Körper schwerer, gespeichertes Fett abzubauen und als Energie zu nutzen.

Tipps zur Optimierung von Insulin und Blutzucker für den Gewichtsverlust

Um erfolgreich abzunehmen, ist es wichtig, den Blutzucker- und Insulinspiegel im Gleichgewicht zu halten. Eine wirksame Strategie ist es, einfache Kohlenhydrate und Zucker zu meiden und auf komplexe Kohlenhydrate, wie Vollkornprodukte, Gemüse und Hülsenfrüchte, zu setzen. Diese werden langsamer verdaut und sorgen für einen gleichmäßigen Anstieg des Blutzuckerspiegels, was den Insulinspiegel stabil hält.

Regelmäßige körperliche Aktivität verbessert zudem die Insulinempfindlichkeit, sodass die Zellen besser auf Insulin reagieren und der Blutzuckerspiegel effektiver reguliert wird. Auch regelmäßige Mahlzeiten und das Vermeiden von Snacks, besonders zuckerhaltigen, tragen dazu bei, Insulinspitzen zu verhindern und die Fettverbrennung zu fördern.

Zuckerhaltige Getränke ersetzen

Die beste Alternative zu süßen Getränken ist Wasser. Es ist kalorienfrei, hydriert den Körper und unterstützt die Verdauung sowie zahlreiche Stoffwechselprozesse. Zwei Liter Wasser pro Tag können – abhängig von Temperatur und Körperreaktion – etwa 100 kcal verbrennen, da der Körper Energie aufwenden muss, um das Wasser auf Körpertemperatur zu bringen.

Für viele stellt der fehlende Geschmack bei Wasser eine Hürde dar. Eine natürliche Aromatisierung mit frischen Zutaten wie Zitrone, Ingwer, Gurke oder Minze kann hier Abhilfe schaffen. Auch ungesüßte Tees oder selbstgemachte Fruchtschorlen mit hohem Wasseranteil sind geeignete Alternativen.

Kalorienfreie Sirups können in kleinen Mengen verwendet werden. Allerdings sollte man sie sparsam dosieren, da eine dauerhaft hohe Süßstoffzufuhr das Geschmacksempfinden verändern und die Toleranzschwelle für Süßes erhöhen kann. In größeren Mengen wirken viele Süßstoffe zudem abführend.

Zucker, Insulin und die Folgen

Ein dauerhaft hoher Insulinspiegel, wie er durch regelmäßigen Konsum von Zucker und zuckerhaltigen Getränken entsteht, blockiert die Fettverbrennung und begünstigt eine Gewichtszunahme. Langfristig kann ein hoher Insulinspiegel zu einer Insulinresistenz führen, bei der die Zellen weniger empfindlich auf Insulin reagieren. Dies kann den Blutzuckerspiegel weiter steigen lassen und das Risiko für Typ-2-Diabetes erhöhen, was das Abnehmen zusätzlich erschwert.

Wer abnehmen möchte, profitiert daher vom Verzicht auf zuckerhaltige Getränke in mehrfacher Hinsicht. Zum einen wird die Kalorienaufnahme reduziert, zum anderen wird der Stoffwechsel entlastet und die Entstehung von Insulinresistenz verhindert.

Was ist Typ-2-Diabetes?

Typ-2-Diabetes ist eine chronische Stoffwechselerkrankung. Sie entsteht, wenn der Körper nicht mehr genügend Insulin produziert oder das vorhandene Insulin nicht effektiv nutzen kann. Insulin ist, wie bereits erklärt, ein Hormon, das den Blutzuckerspiegel reguliert, indem es die Aufnahme von Zucker in die Zellen steuert. Bei Typ-2-Diabetes bleibt der Blutzucker dauerhaft erhöht, was langfristig zu gesundheitlichen Problemen führen kann.

Ursachen von Typ-2-Diabetes

Typ-2-Diabetes entwickelt sich meist über Jahre hinweg. Die wichtigsten Risikofaktoren sind:

> **Insulinresistenz:** Die Zellen reagieren weniger empfindlich auf Insulin. Der Körper versucht dies auszugleichen, indem er mehr Insulin produziert. Auf Dauer erschöpft sich die Insulinproduktion.

Übergewicht, insbesondere Bauchfett: Viszerales Fett fördert Entzündungen und beeinträchtigt die Hormonbalance, was die Wirkung von Insulin schwächt.

Ungesunde Ernährung: Eine stark zucker- und kohlenhydratreiche Ernährung mit wenigen Ballaststoffen belastet die Bauchspeicheldrüse und begünstigt hohe Blutzuckerspiegel.

Bewegungsmangel: Körperliche Inaktivität senkt die Insulinempfindlichkeit. Regelmäßige Bewegung hilft, den Blutzuckerspiegel zu stabilisieren.

Genetische Veranlagung: Das Risiko für Typ-2-Diabetes ist erhöht, wenn enge Familienmitglieder betroffen sind.

Alter: Mit zunehmendem Alter sinkt die Insulinempfindlichkeit. Auch -hormonelle Veränderungen spielen eine Rolle.

Rauchen und übermäßiger Alkoholkonsum: Beide Faktoren beeinträchtigen die Insulinwirkung und belasten die Bauchspeicheldrüse.

Diabetes Typ 2 vorbeugen

Durch eine gesunde Lebensweise lässt sich das Risiko für Typ-2-Diabetes deutlich senken. Eine ausgewogene Ernährung, regelmäßige Bewegung und ein gesundes Körpergewicht sind die wichtigsten Maßnahmen. Empfehlenswert ist eine ballaststoffreiche Ernährung mit viel Gemüse, Vollkornprodukten und gesunden Fetten sowie ein reduzierter Konsum von Zucker und verarbeiteten Lebensmitteln.

Übrigens: Regelmäßige Bewegung muss nicht unbedingt Sport sein – bereits moderate Aktivität wie zügiges Gehen oder Radfahren kann positive Effekte haben.

TIPP 3: PORTIONSKONTROLLE – WENIGER ODER EINFACH BEWUSSTER ESSEN

Portionskontrolle ist eine der effektivsten Strategien, um Kalorien zu reduzieren und langfristig ein gesundes Gewicht zu halten. Dabei geht es jedoch nicht darum, radikal die Nahrungsmenge zu halbieren – das altbekannte FDH-Prinzip („Friss die Hälfte") ist weder nachhaltig noch sinnvoll. Viel entscheidender ist, *was* wir essen – und wie bewusst wir es tun.

Ich erinnere mich gut an meine Jugendzeit, in der ich essen konnte, was und wie viel ich wollte – ohne dabei zuzunehmen. All-you-can-eat-Buffets habe ich gnadenlos ausgereizt, mehrere Burger, Schnitzel mit Beilagen, große Portionen Pasta oder gleich drei Eisbecher auf einmal waren keine Seltenheit. Auch Schokolade konnte ich in rauen Mengen verdrücken – ohne mich schlecht zu fühlen oder sichtbare Konsequenzen zu spüren.

Damals war ich im Leichtathletikverein, trainierte fünfmal pro Woche und befand mich mitten im körperlichen Wachstum. Mein Stoffwechsel lief auf Hochtouren, mein Körper hatte Energiebedarf – und das Gehirn während der Schulzeit ebenso. Rückblickend betrachtet war dieses Essverhalten alles andere als gesund. Ich aß oft hastig, manchmal fast wie in Trance, und reagierte auf jedes kleine Hungergefühl mit Überessen. Fressanfälle traten meist dann auf, wenn ich zu lange nichts gegessen oder mich unterversorgt hatte – klassische Zeichen eines Nährstoffmangels.

In jungen Jahren verzeiht der Körper vieles. Doch irgendwann kam der Moment, als ich die Augen öffnete und begann, mich intensiver mit Ernährung auseinanderzusetzen. Ich erkannte, wie wichtig es ist, auf die Qualität und Menge der Nahrung zu achten – nicht nur kurzfristig, sondern als Lebensstil.

Portionskontrolle beginnt mit Bewusstsein

Häufig essen wir mehr, als unser Körper tatsächlich braucht – nicht aus Hunger, sondern aus Gewohnheit oder emotionalen Gründen. Auch gesellschaftlich geprägte Glaubenssätze wie „Der Teller wird leer gegessen" stören unser natürliches Sättigungsgefühl.

Eine einfache Maßnahme zur besseren Portionskontrolle ist der Einsatz kleinerer Teller und Schüsseln. Studien zeigen, dass kleinere Geschirrgrößen dazu führen, automatisch weniger zu essen – ohne das Gefühl zu haben, auf etwas verzichten zu müssen. Vor dem Nachnehmen lohnt es sich zudem, kurz in sich hineinzuspüren: Ist da noch echter Hunger – oder nur Appetit?

Praktische Tipps im Alltag

Besonders im Urlaub, bei Buffets oder auf Feiern ist die Versuchung groß, zu viel zu essen. Hier hilft es, sich bewusst kleinere Portionen zu nehmen und lieber nachzuholen, wenn der Hunger tatsächlich bleibt. Auch beim Dessert muss man nicht verzichten: Ein kleiner Löffel oder eine Kuchengabel genügt oft, um den Geschmack zu genießen, ohne sich zu überessen.

Meine Klienten ermutige ich stets dazu, solche Ausnahmen mit Genuss einzuplanen – und sie, wenn nötig, durch eine kleinere Mahlzeit am nächsten Tag oder eine zusätzliche Bewegungseinheit auszugleichen. So bleibt die Balance gewahrt, ohne auf Genuss verzichten zu müssen.

Nährstoffverteilung bewusst gestalten

Portionskontrolle hilft nicht nur, Kalorien zu sparen, sondern auch die Ernährung ausgewogener zu gestalten. Wer seine Mahlzeiten bewusst zusammenstellt, schafft mehr Raum für nährstoffreiche Lebensmittel. Eine Kombination aus Proteinen, gesunden Fetten, komplexen Kohlenhydraten, Vitaminen und Mineralstoffen sorgt für ein länger anhaltendes Sättigungsgefühl – und versorgt den Körper mit allem, was er braucht.

Drei Becher Eis oder zehn Tafeln Schokolade leisten das übrigens nicht. Sie liefern in erster Linie Zucker und Kalorien – und verdecken dadurch oft den eigentlichen Bedarf des Körpers. Ein unausgeglichener Speiseplan führt häufig zu Heißhunger, Energietiefs und langfristig zu gesundheitlichen Problemen.

Exkurs: Die Deutsche Gesellschaft für Ernährung (DGE)

Die Deutsche Gesellschaft für Ernährung e. V. (DGE) ist eine zentrale Institution, wenn es um fundierte Ernährungsempfehlungen in Deutschland geht. Seit ihrer Gründung im Jahr 1953 verfolgt sie das Ziel, wissenschaftlich gesicherte Erkenntnisse über gesunde Ernährung in die breite Bevölkerung zu tragen.

Zu ihren bekanntesten Empfehlungen zählen die „10 Regeln der DGE“, die leicht verständlich vermitteln, wie eine ausgewogene Ernährung im Alltag aussehen kann. Darüber hinaus erstellt die DGE Referenzwerte für die Nahrstoffzufuhr – also Richtlinien, wie viel Energie, Vitamine, Mineralstoffe und andere Nährstoffe in verschiedenen Lebensphasen aufgenommen werden sollten.

Diese Werte bilden die Grundlage für viele Ernährungsberatungen, Konzepte in Schulen, Kantinen und Kliniken – und natürlich auch für meine Empfehlungen im Online-Coaching oder in meinem Buch.

Die DGE arbeitet eng mit Behörden, Bildungseinrichtungen und der Lebensmittelindustrie zusammen, um ihre Leitlinien in der Praxis umzusetzen. Für alle, die sich intensiver mit Ernährung beschäftigen möchten, bietet sie umfangreiche Informationsmaterialien, Weiterbildungen und Veranstaltungen.

Trotz all dieser wertvollen Angebote fehlt in Deutschland jedoch noch immer ein verpflichtendes Schulfach, das Kindern bereits in der Grundschule die Grundlagen gesunder Ernährung vermittelt – ein Schritt, der dringend nötig wäre, um frühzeitig ein gesundes Essverhalten zu fördern.

Leichtigkeit statt Völlegefühl

Ein weiterer Vorteil kleinerer Portionen ist das körperliche Wohlbefinden nach dem Essen. Große, schwere Mahlzeiten können zu Trägheit, Völlegefühl und Müdigkeit führen. Kleinere Portionen hingegen belasten das Verdauungssystem weniger, liefern dem Körper gezielter Energie und fördern ein Gefühl von Leichtigkeit.

Wer sich nach dem Essen wohlfühlt, ist eher motiviert, sich zu bewegen – was wiederum den Stoffwechsel anregt und die Fettverbrennung unterstützt. Der gesamte Organismus bleibt im Gleichgewicht, und körperliche Aktivität lässt sich einfacher in den Alltag integrieren.

Weniger ist oft mehr

Die Kontrolle der Portionsgröße wirkt sich auch positiv auf das Essverhalten aus. Wer sich kleinere Portionen nimmt, isst in der Regel achtsamer und genießt bewusster. Anstatt große Mengen hastig zu verzehren, richtet sich die Aufmerksamkeit stärker auf Geschmack, Konsistenz und Geruch der Speisen.

Wer lernt, achtsam zu essen, entwickelt außerdem ein besseres Gespür für Hunger und Sättigung – und schafft damit die Grundlage für dauerhaft gesunde Essgewohnheiten.

TIPP 4: VERARBEITETE LEBENSMITTEL REDUZIEREN – FRISCH IST BESSER

Das Wort „vermeiden" klingt oft strenger, als es gemeint ist. Ich persönlich bin kein Freund von Verboten, denn sie erzeugen meist genau das Gegenteil von dem, was man erreichen möchte. Viel hilfreicher ist es, den Blick auf das zu lenken, was wirklich guttut: frische, naturbelassene Lebensmittel. Sie enthalten nicht nur deutlich mehr Nährstoffe, sondern unterstützen auch das Sättigungsgefühl und sorgen für mehr Genuss beim Essen.

Nicht umsonst spreche ich bei vielen Supermarktprodukten bewusst von *Produkten* statt von *Lebensmitteln*. Der Unterschied ist mehr als nur semantisch. Frische Lebensmittel nähren den Körper – verarbeitete Produkte sind meist nur eine künstliche Mischung aus Stoffen, die dem Körper mehr schaden als nützen.

Kalorienreich, aber nährstoffarm

Verarbeitete Lebensmittel enthalten häufig viele Kalorien, liefern jedoch kaum Nährstoffe. Sie sind oft mit Zucker, ungesunden Fetten und Salz angereichert, um Geschmack, Textur und Haltbarkeit zu verbessern. Dabei entstehen sogenannte „leere Kalorien" – Energie, die schnell verfügbar ist, aber keinen gesundheitlichen Mehrwert bietet.

Wer regelmäßig solche Produkte konsumiert, nimmt meist mehr Kalorien zu sich, als der Körper tatsächlich benötigt – und bleibt dennoch hungrig, weil essenzielle Nährstoffe fehlen. Das kann auf Dauer nicht nur die Gewichtsreduktion behindern, sondern auch das Risiko für ernährungsbedingte Erkrankungen erhöhen.

Zucker und einfache Kohlenhydrate

Ein weiteres Problem stark verarbeiteter Produkte ist ihr hoher Anteil an Zucker und einfachen Kohlenhydraten. Diese lassen den Blutzuckerspiegel rasch ansteigen, woraufhin der Körper vermehrt Insulin ausschüttet. Insulin begünstigt die Fettspeicherung und blockiert gleichzeitig die Fettverbrennung – beides Prozesse, die das Abnehmen erschweren.

Zudem führen die schnellen Blutzuckerschwankungen häufig zu Heißhunger. Es entsteht ein Kreislauf, in dem man ständig zu viel isst und sich das Gewicht auf der Waage nach oben statt nach unten bewegt.

Wenig Sättigung, hohe Verlockung

Verarbeitete Lebensmittel sind so konzipiert, dass sie möglichst gut schmecken. Die Kombination aus Zucker, Fett und Salz wirkt besonders anregend auf das Belohnungssystem im Gehirn und kann dazu führen, dass man mehr isst, als eigentlich notwendig wäre.

Da in vielen Produkten kaum Ballaststoffe enthalten sind, die normalerweise das Sättigungsgefühl fördern, setzt dieses oft verzögert ein oder bleibt ganz aus. Das kann dazu führen, dass man schneller wieder zu Snacks greift – auch ohne echten Hunger.

Künstliche Zusatzstoffe

Viele verarbeitete Produkte enthalten Konservierungsmittel, Geschmacksverstärker, Farbstoffe und andere künstliche Zusätze. Diese sollen das Produkt optisch ansprechender machen, für längere Haltbarkeit sorgen oder den Geschmack verstärken – aber sie tragen in der Regel nicht zur Gesundheit bei.

Einige dieser Stoffe stehen im Verdacht, Entzündungsprozesse im Körper zu fördern oder das Darmmilieu zu stören. Zwar sind die meisten dieser Zusätze zugelassen, doch ihre Langzeitwirkungen sind häufig nicht vollständig erforscht.

Wenig Kontrolle über Zutaten

Ein weiterer Nachteil: Bei verarbeiteten Produkten wissen Sie oft nicht genau, was tatsächlich enthalten ist – selbst wenn Sie das Etikett studieren. Zucker kann sich hinter verschiedenen Bezeichnungen verstecken, und Mengenangaben sind nicht immer eindeutig.

Wenn Sie hingegen mit frischen Zutaten selbst kochen, behalten Sie die volle Kontrolle. Sie wissen genau, was in Ihrer Mahlzeit steckt, und können

Ihre Ernährung gezielt an Ihre Ziele anpassen – sei es Gewichtsreduktion, bessere Gesundheit oder einfach mehr Energie im Alltag.

Stark verarbeitete Lebensmittel sollten so weit wie möglich reduziert werden – nicht aus Prinzip, sondern aus gesundheitlicher Überzeugung. Wer sich auf frische, nährstoffreiche und möglichst naturbelassene Lebensmittel konzentriert, unterstützt den Körper bei der Fettverbrennung, vermeidet Heißhunger und stärkt das eigene Wohlbefinden.

Es geht dabei nicht um Perfektion, sondern um bewusste Entscheidungen im Alltag. Jeder Schritt in Richtung Natürlichkeit ist ein Schritt in Richtung Gesundheit.

TIPP 5: MEHR PROTEIN – FÜR SÄTTIGUNG UND MUSKELAUFBAU

Protein ist ein entscheidender Nährstoff für alle, die Gewicht verlieren und gleichzeitig ihre Muskulatur erhalten oder sogar aufbauen möchten. In der Fitnesswelt wird häufig empfohlen, rund 2g Protein pro Kilogramm Körpergewicht zu sich zu nehmen – bei 60kg wären das etwa 120g täglich. Zur Orientierung: Ein Proteinshake liefert meist ca. 25g Eiweiß pro Portion. Die Deutsche Gesellschaft für Ernährung (DGE) gibt mit 0,8g pro Kilogramm Körpergewicht einen Mindestwert an, der jedoch eher den Grundbedarf abdeckt.

Eine erhöhte Proteinaufnahme ist besonders während einer Diät sinnvoll, da sie das Sättigungsgefühl verstärkt, den Stoffwechsel ankurbelt und die Muskelmasse schützt – alles wichtige Faktoren, um langfristig erfolgreich abzunehmen.

Sättigung und Appetitkontrolle

Eiweißreiche Mahlzeiten sättigen besser und nachhaltiger als Mahlzeiten mit hohem Kohlenhydratanteil. Der Körper benötigt länger, um Proteine zu verdauen, was dazu führt, dass man sich länger satt fühlt. Das kann helfen, die Gesamtaufnahme an Kalorien zu senken, ohne dass Hungergefühle entstehen. Studien zeigen: Menschen, die mehr Protein essen, haben seltener Heißhunger und greifen weniger oft zu Snacks.

Stoffwechsel und Thermogenese

Proteine haben eine hohe thermische Wirkung – etwa 30% der aufgenommenen Kalorien werden bei der Verdauung direkt wieder in Wärme umgewandelt. Bei Kohlenhydraten sind es nur rund 5–8%, bei Fetten sogar nur 2–3%. Durch diesen sogenannten thermischen Effekt der Nahrung verbrennt der Körper automatisch mehr Kalorien, wenn die Ernährung proteinreicher ist. Das unterstützt den Fettabbau auf natürliche Weise.

Schutz der Muskelmasse

Während einer Diät kann der Körper nicht nur Fett, sondern auch Muskelmasse abbauen. Da Muskelmasse jedoch den Grundumsatz erhöht – also die Menge an Kalorien, die der Körper im Ruhezustand verbraucht –, ist ihr Erhalt besonders wichtig. Eine ausreichende Eiweißzufuhr liefert dem Körper die Bausteine, die er braucht, um Muskeln zu erhalten und zu regenerieren. In Kombination mit Krafttraining ist es sogar möglich, Muskeln aufzubauen, während gleichzeitig Körperfett reduziert wird.

Langfristiger Erfolg

Auch nach dem Erreichen des Wunschgewichts bleibt eine eiweißreiche Ernährung vorteilhaft. Sie beugt dem Jojo-Effekt vor, weil sie das Sättigungsgefühl erhält, den Stoffwechsel aktiv hält und den Körper weiterhin mit wichtigen Nährstoffen versorgt. Wer dauerhaft mehr Protein isst, hat ein geringeres Risiko, wieder zuzunehmen.

Eine erhöhte Proteinaufnahme unterstützt Sie somit beim Abnehmen gleich mehrfach: Sie fördert die Sättigung, schützt Ihre Muskeln, regt den Stoffwechsel an und hilft, das Gewicht langfristig zu halten. Ob durch eiweißreiche Lebensmittel oder Proteinshakes – mehr Eiweiß in der Ernährung ist eine sinnvolle Entscheidung für Ihre Gesundheit und Ihre Figur.

TIPP 6: GEMÜSE – KALORIENARM, NÄHRSTOFFREICH UND SÄTTIGEND

Mehr Gemüse zu essen ist eine der einfachsten und wirkungsvollsten Maßnahmen, wenn Sie abnehmen und gleichzeitig Ihre Gesundheit fördern möchten. Gemüse ist kalorienarm, enthält viele Ballaststoffe und ist reich an lebenswichtigen Vitaminen, Mineralstoffen und sekundären Pflanzenstoffen. Es sättigt gut, ohne den Kalorienrahmen zu sprengen – und ist damit ein idealer Begleiter auf dem Weg zum Wunschgewicht.

Kalorienarme Sättigung

Gemüse besitzt eine geringe Energiedichte, das heißt: Sie können große Mengen essen, ohne viele Kalorien aufzunehmen. Ein voller Teller mit Gemüse sorgt für ein angenehmes Sättigungsgefühl, obwohl er nur wenig Energie liefert. Diese Eigenschaft hilft, die Kalorienzufuhr zu kontrollieren, ohne hungern zu müssen – ein wichtiger Faktor für eine erfolgreiche und nachhaltige Gewichtsreduktion.

Exkurs: Das Sättigungsgefühl verstehen

Das Sättigungsgefühl entsteht durch ein Zusammenspiel mechanischer, hormoneller und psychologischer Prozesse. Beim Essen dehnt sich der Magen, was über Nervenbahnen Signale ans Gehirn sendet: Der Körper ist versorgt. Unterstützt wird dieser Prozess durch Hormone wie Ghrelin (Hungerhormon), Leptin (Sättigungshormon) und Insulin.

Auch Ballaststoffe und Proteine fördern die Sättigung, da sie länger im Magen bleiben. Wer langsam und bewusst isst, spürt diese Signale besser und vermeidet unbewusstes Überessen.

Reich an Ballaststoffen

Gemüse liefert viele Ballaststoffe, die den Verdauungstrakt unterstützen, den Blutzuckerspiegel stabil halten und das Sättigungsgefühl verlängern. Sie helfen dabei, weniger zwischen den Mahlzeiten zu essen, und fördern eine gesunde Darmflora – ein Faktor, der zunehmend mit erfolgreichem Gewichtsmanagement in Verbindung gebracht wird.

Unterstützt die Fettverbrennung

Bestimmte Gemüsesorten wie Brokkoli, Paprika oder Spinat enthalten Stoffe, die den Stoffwechsel anregen und die Fettverbrennung fördern. Der hohe Wassergehalt vieler Gemüsearten trägt zusätzlich zur Hydration und einem aktiven Stoffwechsel bei.

Schützt vor Heisshunger

Indem Gemüse hilft, den Blutzuckerspiegel stabil zu halten, verhindert es starke Schwankungen, die Heißhunger auf Süßes oder Fettiges auslösen können. Wenn jede Mahlzeit eine gute Portion Gemüse enthält, lässt sich der Tag insgesamt strukturierter und kontrollierter gestalten – ohne dass man ständig mit Verzicht kämpfen muss.

Abwechslungsreich und flexibel

Gemüse bietet unzählige Zubereitungsmöglichkeiten – ob roh, gegart, gebraten oder püriert. Die Vielfalt an Farben, Aromen und Texturen macht Gemüse zu einem spannenden und vielseitigen Bestandteil jeder Mahlzeit. Je kreativer Sie Ihre Gerichte gestalten, desto leichter fällt es, mehr Gemüse in den Alltag zu integrieren – und das langfristig.

TIPP 7: EIN GLAS WASSER VOR DEN MAHLZEITEN TRINKEN

Das Trinken eines Glases Wasser vor den Mahlzeiten ist eine unkomplizierte, aber äußerst wirkungsvolle Strategie zur Unterstützung beim Abnehmen. Ohne große Umstellungen in der Ernährung lässt sich damit auf sanfte Weise die Kalorienzufuhr senken, das Sättigungsgefühl verbessern und die Achtsamkeit beim Essen fördern.

Weniger essen dank Vorfüllung

Wasser füllt den Magen bereits vor dem Essen teilweise – das reduziert das Hungergefühl und sorgt dafür, dass Sie sich schneller satt fühlen.

Das Wasser dehnt den Magen leicht, was Mechanorezeptoren in der Magenwand stimuliert. Diese senden Signale an das Gehirn, dass bereits Nahrung aufgenommen wurde. In Kombination mit einer nährstoffreichen Mahlzeit verstärkt das Wasser das Sättigungsgefühl und hilft, übermäßiges Essen und spontane Zwischenmahlzeiten zu vermeiden.

Studien zeigen, dass Menschen, die vor der Mahlzeit ein Glas Wasser trinken, durchschnittlich weniger Kalorien zu sich nehmen. Diese kleine Maßnahme kann somit langfristig zu einem effektiveren Gewichtsverlust beitragen – ganz ohne Verzicht.

Stoffwechsel anregen

Wasser ist an nahezu allen Stoffwechselprozessen beteiligt. Eine ausreichende Flüssigkeitszufuhr unterstützt die Verdauung und die Fettverbrennung. Der Körper funktioniert bei guter Hydrierung effizienter – das bedeutet auch: mehr Energieverbrauch und bessere Nährstoffverwertung.

Mehr Achtsamkeit beim Essen

Ein Glas Wasser vor dem Essen schenkt Ihnen eine bewusste Pause. Sie haben die Möglichkeit, sich kurz zu fragen: Habe ich wirklich Hunger – oder ist es vielleicht nur Appetit oder Durst?

Häufig wird Durst mit Hunger verwechselt. Wer zu wenig trinkt, greift oft zu Snacks, obwohl dem Körper eigentlich Flüssigkeit fehlt. Ein Glas Wasser vor den Mahlzeiten hilft, dieses Verwechslungspotenzial zu minimieren – und trägt ganz nebenbei zur Deckung Ihres Flüssigkeitsbedarfs bei.

Dieser Moment der Reflexion hilft zudem dabei, unbewusstes Essen aus Langeweile zu reduzieren und Mahlzeiten achtsamer zu genießen.

TIPP 8: MAHLZEITEN IM VORAUS PLANEN – FÜR STRUKTUR, KONTROLLE UND ERFOLG

Die Planung Ihrer Mahlzeiten ist eine der wirksamsten Methoden, um Ihre Ernährung gezielt und nachhaltig zu gestalten. Sie hilft, Kalorienfallen zu vermeiden, Stress zu reduzieren und bewusste Entscheidungen zu treffen – und ist damit ein Grundbestandteil einer erfolgreichen Abnehmstrategie.

Mehr Kontrolle über Ihre Ernährung

Wenn Sie im Voraus planen, was Sie essen möchten, behalten Sie den Überblick über Ihre Kalorienzufuhr und Nährstoffverteilung. Das verhindert spontane ungesunde Entscheidungen und erleichtert es, sich an Ihre Ziele zu halten. Sie bestimmen im Voraus, was auf den Teller kommt – statt dem Zufall (oder dem Heißhunger) das Kommando zu überlassen.

Oft sind es hektische Tage, die uns dazu verleiten, zu Fertigprodukten oder Fast Food zu greifen. Wenn jedoch gesunde Mahlzeiten geplant oder vorbereitet sind, fällt es deutlich leichter, sich ausgewogen zu ernähren. Planung reduziert Versuchungen – und fördert gesunde Gewohnheiten.

Achtsamkeit und bewusster Genuss

Wer Mahlzeiten plant, isst bewusster. Die gedankliche Auseinandersetzung mit dem, was gegessen werden soll, steigert das Bewusstsein für Portionen, Inhaltsstoffe und Essverhalten. So entwickeln Sie ein besseres Gefühl für die eigenen Bedürfnisse und stärken die Verbindung zu Ihrem Körper.

Treue zum Ernährungsplan

Ein strukturierter Plan hilft dabei, ein einmal gesetztes Ziel auch tatsächlich zu verfolgen. Wenn klar ist, was wann gegessen wird, sinkt die Wahrscheinlichkeit, dass man vom Weg abkommt. So bleiben Sie konsequenter – ohne sich eingeschränkt zu fühlen.

Zeit, Stress und Geld sparen

Wer einmal wöchentlich plant, was auf den Tisch kommt, spart im Alltag wertvolle Zeit. Die täglichen „Was-esse-ich-heute?"-Fragen entfallen, ebenso wie überflüssige Supermarktbesuche. Sie handeln vorausschauend – und gewinnen Freiraum für andere Dinge im Leben.

Mahlzeitenplanung bedeutet außerdem: bewusster einkaufen. Sie kaufen nur das ein, was Sie wirklich brauchen – und vermeiden teure Spontankäufe, Lieferdienste oder Restaurantbesuche. So profitieren nicht nur Figur und Gesundheit, sondern auch Ihre Haushaltskasse.

TIPP 9: FETTIGE SNACKS VERMEIDEN

Fettige Snacks wie Chips, Croissants, salzige Nüsse oder frittierte Kleinigkeiten sind eine häufige Kalorienfalle im Alltag. Auch wenn sie auf den ersten Blick harmlos wirken, sind sie in der Regel kalorienreich, nährstoffarm und sättigen kaum. Wenn Sie abnehmen möchten, ist es hilfreich, solche Snacks zu reduzieren oder durch gesündere Alternativen zu ersetzen, ohne dabei auf Genuss verzichten zu müssen.

Hohe Kaloriendichte

Fettige Snacks enthalten meist sehr viele Kalorien auf kleinem Raum. Bereits kleine Mengen können eine erhebliche Kalorienzufuhr bedeuten – ohne dass man sich danach wirklich satt fühlt. Selbst gesunde Lebensmittel wie Nüsse sind durch ihren hohen Fettgehalt sehr energiereich und sollten in Maßen genossen werden. Wer regelmäßig zu fettigen Snacks greift, riskiert ein Kalorienplus, das den Abnehmerfolg behindert.

Geringe Sättigung, grosser Appetit

Viele fettige Snacks sättigen kaum. Sie liefern zwar viel Energie, aber wenig Ballaststoffe oder Eiweiß – Nährstoffe, die das Sättigungsgefühl fördern. Dadurch essen Sie oft mehr als nötig, oder greifen kurze Zeit später wieder zu. Besonders gefährlich ist das unbewusste Snacken nebenbei – etwa bei Fernsehen oder Arbeit. Hier wird nicht gegessen, weil man Hunger hat, sondern aus Gewohnheit oder Langeweile.

Auswirkungen auf die Gesundheit

Fettige Snacks enthalten meist gesättigte Fette oder Transfette, die den Cholesterinspiegel negativ beeinflussen und Entzündungen im Körper fördern können. Das erhöht das Risiko für Herz-Kreislauf-Erkrankungen und wirkt sich langfristig auch auf das Gewicht und den Stoffwechsel aus. Eine Ernährung mit hohem Anteil an solchen Fetten kann den Fettabbau behindern und das allgemeine Wohlbefinden mindern.

Gesunde Alternativen

Statt fettiger Snacks wählen Sie am besten nährstoffreiche Alternativen wie frisches Obst, geschnittenes Gemüse mit Hummus, fettarmen Joghurt, Linsenwaffeln oder eine kleine Portion Nüsse. Diese Optionen enthalten wertvolle Nährstoffe, sättigen besser und unterstützen Ihre Gesundheits- und Abnehmziele – ohne überflüssige Kalorien.

Am Anfang ist das nicht einfach, doch der bewusste Verzicht auf fettige Snacks fördert ein gesünderes Essverhalten. Wer häufiger zu frischen, natürlichen Lebensmitteln greift, entwickelt langfristig eine Vorliebe für gesündere Alternativen – ganz ohne Zwang. So gelingt der Umstieg dauerhaft und nachhaltig.

TIPP 10: ERNÄHRUNGSTAGEBUCH FÜHREN – KLARHEIT UND KONTROLLE IM ALLTAG

Ein Ernährungstagebuch zu führen ist sehr effektiv, um sich seiner Essgewohnheiten bewusst zu werden. Es hilft dabei, versteckte Kalorien aufzudecken, Muster zu erkennen und Fortschritte zu dokumentieren. Vor allem in der Anfangsphase einer Ernährungsumstellung kann es ein wertvolles Mittel sein.

Bewusstsein schaffen

Viele Kalorien verstecken sich im Alltag in kleinen Snacks, Getränken oder beiläufigem Naschen. Wer seine Mahlzeiten, Getränke und Zwischenbisse dokumentiert, erkennt schnell, wo unbewusst zu viel gegessen wird.

Schon nach wenigen Tagen entsteht ein klareres Bild der tatsächlichen Ernährung – und damit eine gute Basis für Veränderungen.

Muster und Auslöser erkennen

Ein Ernährungstagebuch hilft nicht nur bei der Kalorienkontrolle, sondern auch dabei, emotionale Auslöser für Essverhalten zu identifizieren. Essen Sie aus Langeweile? Aus Stress? Oder aus Gewohnheit? Solche Erkenntnisse sind der erste Schritt zu bewussteren Entscheidungen und langfristig gesünderen Gewohnheiten.

Mehr Eigenverantwortung

Das tägliche Dokumentieren stärkt das Gefühl der Eigenverantwortung. Wer notiert, was er isst, trifft oft automatisch gesündere Entscheidungen – einfach, weil mehr Achtsamkeit entsteht. Dieses bewusste Handeln kann die Motivation erhöhen und dabei helfen, konsequenter an den eigenen Zielen dranzubleiben.

Fortschritte festhalten

Ein Tagebuch macht Veränderungen sichtbar. Sie sehen, wie sich Ihre Ernährung verbessert, wie Sie öfter zu frischem Gemüse greifen oder weniger Zucker konsumieren. Diese kleinen Erfolge zu dokumentieren stärkt die Motivation und erinnert Sie daran, wie weit Sie schon gekommen sind.

Flexibel anpassbar

Ein Ernährungstagebuch soll helfen – nicht kontrollieren oder Zwang ausüben. In der Praxis genügt es oft schon, für eine Woche alles aufzuschreiben, um ein Gefühl für Mengen, Gewohnheiten und Schwachstellen zu bekommen. Danach kann die Kalorienmenge gezielter angepasst werden. Manche Menschen führen ihr Tagebuch länger – andere nutzen es nur als Einstieg. Beides ist vollkommen in Ordnung.

Das Tagebuch ist also kein Muss, sondern eine wertvolle Unterstützung – so lange, wie es sich für Sie stimmig anfühlt.

TIPP 11: OBST ALS NACHTISCH

Zuckerhaltige Desserts können den Abnehmprozess erheblich behindern. Auch wenn ein süßer Nachtisch verlockend sein mag – Desserts mit Industriezucker enthalten meist viele Kalorien, sättigen kaum und fördern Heißhunger. Der Verzicht auf solche Kalorienbomben kann ein echter Gamechanger für Ihre Abnehmreise sein – ohne dass Sie gänzlich auf Süßes verzichten müssen.

Kalorienreich und Heisshungerfördernd

Ein Stück Kuchen, ein Eis oder ein Schokoriegel liefern oft mehrere Hundert Kalorien – ohne den Körper wirklich zu nähren oder zu sättigen. Der hohe Zuckeranteil wird schnell verdaut, der Blutzuckerspiegel steigt und fällt schnell, das Sättigungsgefühl hält nur kurz an – und dann folgt rasch der nächste Appetit auf etwas Süßes.

Ein Kreislauf entsteht: Süßes → Energieschub → Blutzuckerabfall → erneuter Hunger → wieder Süßes.

Insulin und Fettabbau

Bedenken Sie auch: Ein ständig erhöhter Zuckerkonsum führt langfristig zu einer verringerten Insulinempfindlichkeit – und das Hormon Insulin reguliert nicht nur den Blutzuckerspiegel, sondern beeinflusst auch den Fettstoffwechsel. Sind die Insulinwerte dauerhaft erhöht, blockiert das den Fettabbau und begünstigt die Fetteinlagerung.

Gesündere Alternativen

Statt ganz auf Nachtisch zu verzichten, greifen Sie lieber zu natürlichen Alternativen wie frischem Obst, Beeren, ungesüßtem Joghurt oder einem kleinen Stück dunkler Schokolade. Schon eine kleine Portion reicht oft aus, um die Lust auf Süßes zu stillen – ohne den Stoffwechsel aus dem Gleichgewicht zu bringen.

Längerfristige Erfolge

Wer auf industriell gesüßte Desserts verzichtet, reduziert automatisch seine Kalorienzufuhr, stabilisiert den Blutzucker und entwickelt ein bewussteres Essverhalten. Das unterstützt nicht nur den Gewichtsverlust, sondern verbessert auch die Haut, den Schlaf und das allgemeine Wohlbefinden.

TIPP 12: SELBST KOCHEN – FÜR VOLLE KONTROLLE

Nur wer selbst den Kochlöffel schwingt, weiß wirklich, was auf dem Teller landet – und kann es gezielt steuern. Damit haben Sie die Kontrolle über Ihre Ernährung und fördern langfristig gesunde Essgewohnheiten.

Kontrolle über Zutaten und Portionsgrössen

Fertiggerichte oder Restaurantessen enthalten oft versteckte Fette, Zucker und Zusatzstoffe. Wenn Sie selbst kochen, bestimmen Sie, welche Zutaten verwendet werden – und in welchen Mengen. Sie können frische, unverarbeitete Lebensmittel wählen und Ihre Mahlzeiten nährstoffreich und ausgewogen gestalten.

Förderung gesunder Routinen

Regelmäßiges Kochen macht nicht nur unabhängig von industriell verarbeiteten Lebensmitteln, sondern stärkt auch das Wissen über Ernährung. Je mehr Sie sich mit Lebensmitteln und Zubereitung beschäftigen, desto leichter fällt es Ihnen, gesunde Entscheidungen zu treffen und auch spontane Mahlzeiten ausgewogen zu gestalten.

Bessere Portionskontrolle & Alltagsvorteile

Restaurants neigen zu übergroßen Portionen. Beim Kochen zu Hause können Sie Ihre Mahlzeiten individuell anpassen – in Menge und Nährstoffverteilung. Das hilft, Überessen zu vermeiden, und unterstützt die Kalorienkontrolle.

Selbst zu kochen bedeutet neben gesünderem Essen auch, Geld und Lebensmittelverschwendung zu sparen. Sie nutzen vorhandene Vorräte sinnvoll, kaufen bewusst ein und vermeiden unnötige Ausgaben für spontane Snacks oder Lieferdienste.

TIPP 13: ETIKETTEN AUFMERKSAM LESEN

Zucker findet sich nicht nur in Süßigkeiten, sondern oft auch in Lebensmitteln, bei denen man es nicht vermuten würde: Joghurts, Müsli, Saucen,

Brot oder fertige Dressings. Versteckter Zucker erhöht die Kalorienzufuhr unbemerkt und fördert Heißhunger. Wenn Sie lernen, Etiketten richtig zu lesen, können Sie Ihre Zuckeraufnahme gezielt reduzieren – und damit Ihre Abnehmerfolge deutlich verbessern.

Kennzeichnung verstehen

Die Nährwerttabelle gibt an, wie viel Zucker insgesamt im Produkt enthalten ist – egal ob natürlich oder zugesetzt. Die Zutatenliste verrät, in welcher Form Zucker enthalten ist. Je weiter vorne er steht, desto mehr ist davon enthalten. Das Problem: Zucker kann sich hinter vielen Namen verstecken.

Exkurs: Zuckerarten
Kohlenhydrate (Saccharide)

Typ	Bezeichnung	Vorkommen (Beispiele)
Einfachzucker (Monosaccharide)	Dextrose = Traubenzucker = Glukose	Früchte, Honig, Getreide
	Fruktose = Fruchtzucker	Früchte
	Galaktose (Schleimzucker)	Bestandteil von Milchzucker
Zweifachzucker (Disaccharide)	Laktose = Milchzucker = Glukose + Galaktose	Milch und Milchprodukte
	Maltose = Malzzucker = Glukose + Glukose	Bier
Mehrfachzucker (Oligosaccharide)	Maltodextrin	Nahrungsergänzungen (z. B. Weight Gainer, Kohlenhydratprodukte)
	Maltotriose	Zwieback, Knäckebrot

Vielfachzucker (Polysaccharide)	Stärke	Pflanzen- und Getreideprodukte (z. B. Vollkornbrot), Kartoffeln, Gemüse; isoliert: Mais-, Kartoffel- und Weizenstärke
	Zellulose	Ballaststoffe
	Glycogen	Tierische Produkte, Fleisch usw.

Was bedeutet Zweifachzucker (Disaccharide)?

Zweifachzucker entstehen, wenn sich zwei Einfachzucker (Monosaccharide) miteinander verbinden. Ein bekanntes Beispiel ist der Haushaltszucker (Saccharose), der aus Glukose und Fruktose besteht.

Was bedeutet Vielfachzucker (Polysaccharide)?

Vielfachzucker bestehen aus zahlreichen miteinander verbundenen Einfachzuckern, die lange Molekülketten bilden. Die pflanzliche Stärke ist ein typischer Vertreter dieser Gruppe. Sie hat eine körnige Struktur und liefert dem Körper über einen längeren Zeitraum hinweg Energie. Vielfachzucker werden im Verdauungstrakt zeitverzögert abgebaut. Dadurch steigt der Blutzuckerspiegel nur langsam an, was eine gleichmäßige Versorgung über mehrere Stunden ermöglicht.

Jede Zuckerart wirkt sich unterschiedlich auf den Körper und die Gesundheit aus. Während bei Ein- und Zweifachzuckern die schädlichen Auswirkungen überwiegen, sind Mehrfachzucker wie insbesondere Stärke gut für eine gleichmäßige Energiezufuhr.

Etikettenlesen: So entlarven Sie versteckten Zucker

Nehmen Sie sich Zeit, um die Zutatenlisten auf den Verpackungen zu lesen. Achten Sie neben offensichtlichen Zuckerbezeichnungen wie Zucker, Glukose, Dextrose, Fruktose, Saccharose, Laktose oder Maltose auch auf Begriffe wie Sirup, Süßmolkenpulver, Dicksaft, Invertzucker oder Fruchtsüße – sie alle stehen für Zucker.

Warum Zucker so oft zugesetzt wird

Zucker wird Lebensmitteln häufig zugesetzt, um den Geschmack zu verbessern, die Textur zu verändern oder die Haltbarkeit zu verlängern. Auch vermeintlich gesunde Produkte wie Müsliriegel oder Fruchtsäfte können große Mengen an zugesetztem Zucker enthalten.

Achtung: Selbst wenn Produkte mit „ohne Zuckerzusatz" werben, können sie dennoch natürliche Zucker enthalten, die den Kaloriengehalt erhöhen. Sie werden überrascht sein, wie viel Zucker sich selbst in „Fitness"-Produkten versteckt.

Ein Gewinn für Ihre gesamte Gesundheit

Die Reduktion von zugesetztem Zucker ist mehr als nur gut für Ihre Figur – sie fördert auch insgesamt Ihre Gesundheit. Zu viel Zucker steht beispielsweise in Verbindung mit Typ-2-Diabetes und Herz-Kreislauf-Erkrankungen. Wer Zucker in seiner Ernährung reduziert, erreicht also nicht nur leichter sein Wunschgewicht, sondern unterstützt auch seine Gesundheit auf lange Sicht – ein Gewinn, der weit über die Zahl auf der Waage hinausgeht.

TIPP 14: KALORIENREICHE SAUCEN UND DRESSINGS VERMEIDEN

Saucen und Dressings können beim Abnehmen zu versteckten Kalorienfallen werden, die Ihren Fortschritt unbemerkt sabotieren. Schon eine kleine Portion cremiges Dressing oder eine reichhaltige Sauce kann mehrere hundert Kalorien enthalten. Wenn Sie abnehmen möchten, ist es daher ratsam, diese Zusätze wegzulassen oder bewusster auszuwählen, um sicherzustellen, dass Ihre Kalorienzufuhr im Rahmen bleibt.

Viele Kalorien, ungünstige Nährstoffverteilung

Oft sind diese scheinbar kleinen Ergänzungen zu Ihren Mahlzeiten reich an gesättigten Fetten, Zucker und anderen kalorienreichen Zutaten, die schnell dazu führen, dass Sie mehr Kalorien aufnehmen, als Sie beabsichtigen – und zugleich enthalten sie kaum Nährstoffe. Statt Sättigung liefern sie leere Kalorien. Wenn Sie auf leichtere Alternativen umsteigen, konzentrieren Sie sich auf Nährstoffe, die Ihren Körper wirklich unterstützen.

Portionskontrolle und Geschmack

Saucen und Dressings überdecken häufig den natürlichen Geschmack des Essens und führen dazu, dass man größere Portionen isst. Wer auf sie verzichtet oder sie bewusst dosiert, lernt den Eigengeschmack frischer Lebensmittel zu schätzen und isst automatisch achtsamer.

Gesunde Alternativen

Leichte Tomatensaucen, selbstgemachte Kräutersaucen oder ein Schuss Olivenöl mit frischen Kräutern können schmackhafte und kalorienarme Alternativen sein. Auch Essig, Zitronensaft oder Joghurt-Dressings sind einfache Möglichkeiten, Geschmack ohne unnötige Kalorien zu liefern.

TIPP 15: BALLASTSTOFFREICHE LEBENSMITTEL – FÜR LÄNGERE SÄTTIGUNG

Ballaststoffe fördern das Sättigungsgefühl, stabilisieren den Blutzuckerspiegel, unterstützen die Verdauung und helfen dabei, das Kalorienziel leichter zu erreichen. Somit sind sie die idealen Partner beim Abnehmen.

Sättigung & Blutzuckerstabilität

Ballaststoffe quellen im Magen auf und sorgen so für ein langanhaltendes Sättigungsgefühl. Wer länger satt ist, greift seltener zu Snacks – ein klarer Vorteil beim Abnehmen.

Außerdem verlangsamen Ballaststoffe die Aufnahme von Zucker ins Blut. Das beugt Blutzuckerspitzen vor, reduziert Heißhunger und unterstützt die Insulinempfindlichkeit.

Verdauung & Darmflora

Ballaststoffe erhöhen das Stuhlvolumen und regen die Darmtätigkeit an. Eine gute Verdauung fördert das Wohlbefinden und unterstützt einen funktionierenden Stoffwechsel. Die Darmflora profitiert ebenfalls – und diese ist einer der Hauptakteure für das Gewichtsmanagement sowie das Immunsystem.

Fettabbau & gesundheitliche Vorteile

Ballaststoffreiche Lebensmittel liefern wenige Kalorien bei großem Volumen. Das heißt: Ihre niedrige Energiedichte erlaubt größere Portionen bei gleichzeitig niedriger Kalorienzufuhr.

Durch die verzögerte Verdauung und geringere Zucker- und Fettaufnahme helfen Ballaststoffe zudem indirekt beim Fettabbau – besonders im Bauchbereich. Wer seine Ernährung dauerhaft umstellt, erzielt nachhaltige Erfolge.

Ballaststoffe senken darüber hinaus das Risiko für Herz-Kreislauf-Erkrankungen, Typ-2-Diabetes und bestimmte Krebsarten. Sie fördern das allgemeine Wohlbefinden und sind eine tragende Säule einer gesunden Ernährung.

Welche Lebensmittel sind ballaststoffreich?

Ballaststoffe finden sich vor allem in Vollkornprodukten, Hülsenfrüchten, Gemüse, Obst und Nüssen. Wer regelmäßig – am besten täglich – zu diesen Lebensmitteln greift, legt den Grundstein für eine nachhaltige Gewichtsabnahme und bessere Gesundheit.

TIPP 16: ALKOHOL REDUZIEREN

Alkohol zählt zu den größten Bremsen beim Abnehmen – aus mehreren Gründen.

Kaloriengehalt

Ein Gramm Alkohol liefert etwa 7 Kalorien – fast so viel wie Fett. Diese Kalorien enthalten keine Nährstoffe, sättigen nicht und summieren sich schnell.

Fettabbau wird blockiert

Alkohol wird vom Körper als Gift eingestuft und daher bevorzugt abgebaut. Währenddessen wird die Fettverbrennung gestoppt – ein Nachteil für alle, die abnehmen wollen.

Appetitanregende Wirkung

Alkohol senkt die Hemmschwelle und steigert den Appetit. Häufig führt das zu übermäßigem Konsum von kalorienreichen Snacks – ein zusätzlicher Stolperstein auf dem Weg zum Wunschgewicht.

Schlechter Schlaf

Alkohol beeinflusst die Schlafqualität negativ. Schlechter Schlaf stört die Hormonregulation, was wiederum Hunger- und Sättigungsgefühl durcheinanderbringt und den Fettstoffwechsel hemmt.

Stoffwechselverlangsamung

Regelmäßiger Alkoholkonsum belastet die Leber – das zentrale Stoffwechselorgan. Eine träge Leber bremst die Kalorienverbrennung und macht es schwerer, Gewicht zu verlieren.

Wie viel Verzicht ist nötig?

Am besten sollten Sie während des Abnehmens keinen Alkohol trinken. Nach Erreichen des Wunschgewichts darf Alkohol gelegentlich getrunken werden – aber nur in Maßen und mit Bedacht.

TIPP 17: VOLLKORNPRODUKTE BEVORZUGEN

Vollkornprodukte sind beim Abnehmen aus mehreren Gründen besonders vorteilhaft.

Länger anhaltende Sättigung

Vollkornprodukte enthalten mehr Ballaststoffe als raffinierte Getreideprodukte. Diese Ballaststoffe quellen im Magen auf und sorgen so für ein länger anhaltendes Sättigungsgefühl. Das reduziert das Verlangen nach Zwischenmahlzeiten und hilft, die Kalorienzufuhr zu kontrollieren.

Vermeidung von Heisshunger

Die komplexen Kohlenhydrate in Vollkornprodukten werden langsamer verdaut, was zu einem stabileren Blutzuckerspiegel führt. Ein gleichmäßiger Blutzuckerspiegel hilft, Heißhungerattacken zu vermeiden.

Förderung einer gesunden Verdauung

Die enthaltenen Ballaststoffe unterstützen die Verdauung, regen die Darmtätigkeit an und fördern eine gesunde Darmflora. Eine funktionierende Verdauung unterstützt den Stoffwechsel und erleichtert die Ausscheidung von Abfallstoffen.

Hohe Nährstoffdichte

Vollkornprodukte liefern wichtige Nährstoffe wie B-Vitamine, Eisen, Magnesium und Antioxidantien – Stoffe, die beim Abnehmen unterstützend wirken. Raffinierte Getreideprodukte verlieren einen Großteil dieser Nährstoffe im Verarbeitungsprozess. Der Ersatz raffinierter Getreideprodukte durch Vollkornvarianten fördert den Abnehmprozess somit nachhaltig – durch mehr Sättigung, stabilere Blutzuckerwerte, eine gesündere Verdauung und bessere Nährstoffversorgung.

TIPP 18: WENIGER KALORIEN AUFNEHMEN, ALS VERBRAUCHT WERDEN

Die Kalorienbilanz ist entscheidend für den Abnehmerfolg. Es geht nicht zwingend darum, Kalorien zu zählen – aber darum, ein Bewusstsein für Kalorienmengen und Portionsgrößen zu entwickeln.

Grundprinzip des Gewichtsverlusts

Nur wer weniger Kalorien aufnimmt, als er verbrennt, kann abnehmen. Der Körper nutzt dann gespeicherte Energiereserven – sprich: Körperfett – zur Energiegewinnung.

Bewusstsein und Kontrolle

Viele Menschen unterschätzen die Kalorienmenge, die sie zu sich nehmen. Ein Kalorientagebuch – selbst nur über 1–2 Wochen – kann helfen, versteckte Kalorien zu entlarven und Schwachstellen im Essverhalten aufzudecken.

Vermeidung von Plateaus

Mit sinkendem Körpergewicht sinkt auch der Kalorienbedarf. Wer seine Kalorienzufuhr nicht anpasst, riskiert einen Stillstand auf der

Waage. Regelmäßige Überprüfung der Kalorienbilanz kann helfen, dem entgegenzuwirken.

Nachhaltige Abnahme

Ein moderates Kaloriendefizit (ca. 300 kcal täglich) ist besser durchzuhalten als extreme Einschränkungen. Zu große Defizite können den Stoffwechsel verlangsamen und zu Nährstoffmängeln führen. Vergessen Sie nie: Die Kalorienbilanz ist das Fundament jeder erfolgreichen Diät. Wer sie kennt und bewusst gestaltet, kann nachhaltige Erfolge erzielen – ohne Jo-Jo-Effekt.

TIPP 19: KEIN ESSEN VOR DEM FERNSEHER

Essen in Kombination mit Fernsehen, Smartphone oder Laptop führt häufig zu unkontrollierter Nahrungsaufnahme – mit negativen Konsequenzen für das Abnehmen.

Ablenkung, Überessen und die Folgen

Wer isst und zugleich fernsieht, nimmt oft mehr Nahrung auf, als er eigentlich möchte – einfach, weil die Sättigungssignale überhört werden.

Fernsehen kann dabei als Kompensation für Langeweile oder Stress dienen – was wiederum dazu verleitet, unkontrolliert zu snacken.

Der Genuss bleibt jedoch auf der Strecke, wenn wir nicht bewusst wahrnehmen, was wir essen. Das fördert ein gestörtes Essverhalten und steigert den Stress.

Unachtsames Essen belastet außerdem die Verdauung und kann zu Blähungen oder Völlegefühl führen.

Essen und Fernsehen – aber nicht gleichzeitig

Achtsames Essen – ohne Ablenkung – verbessert das Sättigungsgefühl, hilft beim Kaloriensparen und stärkt das gesunde Essverhalten. Darum gilt: Beim Essen konzentrieren Sie sich besser nur auf das Essen, und beim Fernsehen oder ähnlichen Beschäftigungen essen Sie lieber nichts.

TIPP 20: HÄUFIGERE UND KLEINERE MAHLZEITEN

Mehrere kleine, gut geplante Mahlzeiten über den Tag verteilt können helfen, den Stoffwechsel aktiv zu halten und das Hungergefühl besser zu kontrollieren.

Stabiler Blutzucker

Kleinere Mahlzeiten verhindern starke Blutzuckerschwankungen, die sonst Heißhunger auslösen können.

Durch regelmäßige Mahlzeiten bleibt der Körper konstant versorgt, sodass das Sättigungsgefühl besser reguliert wird.

Wer regelmäßig isst, wird also nicht extrem hungrig und läuft weniger Gefahr, sich bei der nächsten Mahlzeit zu überessen.

Stoffwechselaktivität & Nährstoffverteilung

Mehrere Mahlzeiten machen es einfacher, alle wichtigen Nährstoffe über den Tag hinweg aufzunehmen.

Häufigere Mahlzeiten fordern den Verdauungstrakt zudem regelmäßig – das kann den Energieverbrauch leicht steigern. Für einen aktiven Stoffwechsel ist jedoch vor allem auch Bewegung entscheidend.

Exkurs: Bewegung

Bewegung ist notwendig, um erfolgreich überschüssiges Fett loszuwerden. Sie bringt zahlreiche Vorteile mit sich, die über die bloße Kalorienverbrennung hinausgehen und wesentlich zur Verbesserung der allgemeinen Gesundheit und des Wohlbefindens beitragen. Hier zunächst ein Überblick über die wichtigsten Vorteile:

1. **Erhöhung des Kalorienverbrauchs:** Durch körperliche Aktivität werden Kalorien verbrannt – ein wichtiger Faktor für die Entstehung eines Kaloriendefizits, das Voraussetzung für Gewichtsreduktion ist. Regelmäßige Bewegung erhöht die Anzahl der täglich verbrannten Kalorien, selbst im Ruhezustand bzw. während der Regeneration.

2. **Verbesserung der Körperzusammensetzung**: Bewegung hilft nicht nur beim Fettabbau, sondern fördert auch den Aufbau von Muskelmasse. Eine bessere Körperzusammensetzung – also ein höherer Anteil

an Muskel- im Vergleich zu Fettmasse – steigert die körperliche Fitness. Muskelgewebe ist stoffwechselaktiver als Fettgewebe und erleichtert somit langfristig die Gewichtskontrolle.

3. **Steigerung des Grundumsatzes**: Krafttraining oder andere bewegungsintensive Aktivitäten erhöhen den Grundumsatz, da Muskelmasse mehr Energie verbraucht als Fett. So verbrennt man auch in Ruhe mehr Kalorien.

4. **Regulierung des Appetits**: Regelmäßige Bewegung wirkt sich positiv auf die Hunger- und Sättigungshormone wie Leptin und Ghrelin aus. Sie hilft dabei, den Appetit besser zu regulieren und Heißhungerattacken zu verringern.

5. **Verbesserung der Insulinempfindlichkeit**: Bewegung steigert die Insulinempfindlichkeit und unterstützt den Körper dabei, Zucker aus der Nahrung effektiver zu verwerten. Das trägt zur Stabilisierung des Blutzuckerspiegels bei und kann Übergewicht und Typ-2-Diabetes vorbeugen.

6. **Erhöhung von Energie und Motivation**: Körperliche Aktivität hebt das Energielevel und verbessert die Lebensqualität. Wer sich energiegeladener fühlt, ist eher motiviert, sich gesund zu ernähren und aktiv zu bleiben. Auch die Stimmung und das Selbstbewusstsein profitieren.

7. **Stressabbau**: Bewegung ist ein bewährtes Mittel zur Stressreduktion. Sie wirkt stimmungsaufhellend und hilft, die emotionale Beziehung zum Essen in den Griff zu bekommen – eine wichtige Voraussetzung für dauerhaftes Abnehmen.

8. **Langfristiger Gewichtserhalt:** Menschen, die regelmäßig körperlich aktiv sind, haben deutlich bessere Chancen, ihr Gewicht nach einer erfolgreichen Abnahme dauerhaft zu halten. Bewegung hilft, Rückfällen vorzubeugen und den Jojo-Effekt zu vermeiden.

Bewegung wirkt also auf vielfältige Weise unterstützend beim Abnehmen – nicht nur durch Kalorienverbrauch, sondern auch durch ihre positiven Effekte auf Stoffwechsel, Appetitkontrolle und Psyche. Deshalb ist es wichtig, sie als festen Bestandteil in den Alltag zu integrieren.

In meinem Coaching empfehle ich als Basis, täglich 10.000 Schritte zu sammeln. Diese oft genannte Zahl hat tatsächlich ihren Sinn: Wer täglich

10.000 Schritte geht, verbrennt je nach Körpergewicht, Tempo und Technik etwa 300–500 Kalorien – ganz ohne intensives Training. Für jemanden, der seinen Kalorienbedarf deckt, kann das bereits einen Fettabbau von bis zu 2kg pro Monat bedeuten.

TIPP 21: REGELMÄSSIGE SPAZIERGÄNGE – SCHON 30 MINUTEN TÄGLICH KÖNNEN HELFEN

Man muss sich lediglich die Zeit dafür nehmen bzw. den zeitlichen Mehraufwand entsprechend einplanen. Eine Station früher aus der Bahn aussteigen und den Rest zu Fuß gehen oder das Auto bewusst ein paar Straßen weiter parken – so lässt sich Bewegung unkompliziert in den Alltag integrieren. Ganz nebenbei entdeckt man vielleicht neue Ecken und interessante Läden in der Umgebung. Natürlich kann man Spaziergänge auch fest in den Tagesablauf einbauen – direkt nach dem Aufstehen, in der Mittagspause oder abends vor dem Schlafengehen. Ganz egal, wann und wo: Regelmäßige Spaziergänge sind eine hervorragende, oft unterschätzte Möglichkeit, um beim Abnehmen Fortschritte zu erzielen. Warum? Hier sind die wichtigsten Gründe.

Kalorienverbrennung ohne Überlastung

Spaziergänge sind eine gelenkschonende Form der Bewegung, die Kalorien verbrennt, ohne den Körper übermäßig zu belasten. Während Sportarten wie Joggen oder Krafttraining zwar ebenfalls effektiv sind, können sie insbesondere für Anfänger oder übergewichtige Menschen zu fordernd sein. Schwimmen, Crosstrainer, Radfahren, Rudern, Gehen, Joggen – in dieser Reihenfolge steigt die Belastung für die Gelenke. Wer ganz am Anfang steht oder starkes Übergewicht mitbringt, sollte diese Reihenfolge beim Einstieg beachten, um Verletzungen zu vermeiden und nachhaltige Fortschritte zu erzielen.

Fun-Fact: Beim Schwimmen verbraucht der Körper zusätzliche Energie, da er Wärme produzieren muss, um die Körpertemperatur trotz des kühlen Wassers konstant zu halten – das steigert den Kalorienverbrauch. Doch nicht jeder hat täglich Zugang zu Pool, See oder Meer. Spaziergänge hingegen lassen sich überall umsetzen – sie sind jederzeit verfügbar und kosten nichts.

Förderung der Herz-Kreislauf-Gesundheit

Spaziergänge stärken das Herz-Kreislauf-System, verbessern die Blutzirkulation und fördern die Ausdauer. Das trägt zu einem besseren Stoffwechsel und einer erhöhten Fettverbrennung bei – wesentliche Faktoren für eine erfolgreiche Gewichtsreduktion.

Verbesserung der Insulinempfindlichkeit

Regelmäßige Bewegung, auch in Form von Spaziergängen, verbessert die Insulinempfindlichkeit. Der Körper verwertet Zucker effektiver, was das Risiko für Insulinresistenz senkt – ein entscheidender Aspekt für gesunde Gewichtskontrolle.

Stressreduktion und emotionales Gleichgewicht

Gehen setzt Endorphine frei – sogenannte Glückshormone, die die Stimmung verbessern. Spaziergänge helfen dabei, Stress abzubauen und emotionale Auslöser für unkontrolliertes Essen zu reduzieren. Dauerhafter Stress erhöht das Hormon Cortisol – ähnlich wie Alkohol priorisiert der Körper dessen Abbau und blockiert gleichzeitig die Fettverbrennung. Ein Teufelskreis, den Spaziergänge effektiv unterbrechen können.

Förderung der Verdauung

Bewegung regt die Darmtätigkeit an und hilft, die Verdauung zu verbessern. Regelmäßige Spaziergänge beugen Verstopfung vor und unterstützen eine gesunde Nährstoffaufnahme – wichtige Voraussetzungen für einen funktionierenden Stoffwechsel.

Mehr Bewegung im Alltag – ohne Extrazeit

Gerade in stressigen Phasen fehlt oft die Zeit für intensives Training. Spaziergänge lassen sich flexibel einbauen – ob nach dem Essen, in der Mittagspause oder morgens als kleine Aktivität vor dem Tag. So sammelt man zusätzliche Schritte, erhöht den Kalorienverbrauch und bleibt in Bewegung.

Förderung gesunder Gewohnheiten

Wer sich täglich Zeit für Spaziergänge nimmt, etabliert damit eine gesunde Routine – oft ein erster Schritt zu weiteren positiven Veränderungen. Bewegung kann der Auslöser für mehr Achtsamkeit sein, für bessere Ernährung oder die Motivation, andere sportliche Aktivitäten auszuprobieren.

Soziale Kontakte und Me-Time

Spaziergänge bieten Gelegenheit für Gespräche mit Familie oder Freunden – oder einfach Zeit für sich selbst. Auch wenn man sich räumlich nicht gemeinsam bewegen kann, lässt sich ein Spaziergang gut mit einem Telefonat verbinden (bitte trotzdem auf den Verkehr achten!).

Ich persönlich nutze Spaziergänge gern, um meinen Tag zu planen, rückblickend zu reflektieren, Podcasts zu hören oder ganz bewusst Zeit für mich selbst zu haben. Manchmal arbeite ich dabei sogar am Smartphone – doppelte Nutzung der Zeit!

Besonders Spaziergänge in der Natur steigern nicht nur das körperliche, sondern auch das psychische Wohlbefinden. Doch die Hauptsache ist das Gehen – egal wo.

TIPP 22: TREPPE STATT AUFZUG

Mehr Bewegung in den Alltag zu integrieren ist eine bewährte und wirksame Strategie, um die Gewichtsabnahme zu unterstützen und einen gesunden Lebensstil zu fördern. Die sogenannte Alltagsbewegung – also Aktivitäten, die einfach in den normalen Ablauf integriert werden können – bringt viele Vorteile mit sich, die weit über die reine Kalorienverbrennung hinausgehen. Dafür braucht es nicht einmal zwingend zusätzlichen Zeitaufwand.

Ob zu Fuß zum Supermarkt, mit dem Rad zur Arbeit oder die Treppe statt des Aufzugs – es gibt unzählige Möglichkeiten, im Alltag aktiver zu sein. Und sicherlich finden auch Sie Wege, mehr Bewegung in Ihr tägliches Leben zu integrieren.

Erhöhung des täglichen Kalorienverbrauchs

Bewegung im Alltag verbrennt zusätzliche Kalorien. Das Treppensteigen oder Gehen anstelle von motorisierten Fortbewegungsmitteln mag für sich genommen wenig erscheinen – über den Tag hinweg summiert sich dieser Mehrverbrauch jedoch. Und das Beste: Diese Art der Bewegung belastet den Körper deutlich weniger als ein intensives Workout. Eine Regenerationszeit ist nicht notwendig. So entsteht ein kontinuierliches Kaloriendefizit – die Grundlage jeder erfolgreichen Gewichtsreduktion.

Verbesserung von Fitness und Ausdauer

Auch kleine, regelmäßig wiederholte Bewegungsimpulse fördern die allgemeine Fitness. Treppensteigen stärkt die Beinmuskulatur, aktiviert das Herz-Kreislauf-System und trainiert die Ausdauer. Diese gleichmäßige Belastung verbessert langfristig Ihre Leistungsfähigkeit und signalisiert dem Körper, dass Muskulatur gebraucht wird – was wiederum den Grundumsatz erhöht.

Einfache Integration in den Alltag

Einer der größten Stolpersteine beim Abnehmen ist der Zeitmangel für strukturierte Sporteinheiten. Wer Bewegung in den Alltag integriert, umgeht dieses Problem elegant. Kleine Umwege, bewusstes Gehen oder Stehen statt Sitzen sind schnell umgesetzt – und erfordern keine Extra-Zeit, sondern nur ein Umdenken. Ganz nebenbei verbessern Sie so auch Ihren ökologischen Fußabdruck. Indem Sie mehr für Ihre Gesundheit tun, bleiben Sie wahrscheinlich auch länger für Ihre Liebsten erhalten – ob das nun Fluch oder Segen ist, überlasse ich Ihnen.

Ankurbelung des Stoffwechsels

Bewegung in kleinen Intervallen aktiviert den Stoffwechsel – und das selbst in Ruhephasen. Der Körper benötigt Energie, um auch nach kurzer körperlicher Aktivität wieder in den Ausgangszustand zurückzukehren. Diese Prozesse erhöhen Ihren Energieverbrauch, fördern die Fettverbrennung und erleichtern die Gewichtskontrolle.

Psychische Vorteile

Bewegung tut nicht nur dem Körper gut, sondern auch der Seele. Selbst einfache Tätigkeiten wie Treppensteigen oder kurze Spaziergänge können helfen, Stress abzubauen und die Stimmung zu verbessern. Wer sich psychisch ausgeglichener fühlt, hat es leichter, emotionales Essen zu vermeiden und die Motivation beim Abnehmen aufrechtzuerhalten.

Vermeidung der „Sitzkrankheit"

Langes Sitzen – sei es im Büro, im Auto oder vor dem Fernseher – birgt gesundheitliche Risiken wie Übergewicht, Herz-Kreislauf-Erkrankungen und muskuläre Fehlhaltungen. Viele kennen zumindest die direkten Folgen: vorgebeugte Schultern, Nackenschmerzen, Rückenschmerzen – kommt Ihnen das bekannt vor? Wer regelmäßig kleine Bewegungspausen einbaut, kann diesen sogenannten Sitzkrankheiten vorbeugen.

Langfristige Gewohnheiten etablieren

Alltagsbewegung ist leicht umsetzbar und fördert gesunde Routinen. Was heute vielleicht noch bewusst entschieden wird, wird morgen zur Selbstverständlichkeit. Mit der Zeit fällt es leichter, aktiv zu bleiben – auch wenn der Alltag mal stressiger ist. Gesunde Bewegungsgewohnheiten sind ein Schlüssel für langfristigen Abnehmerfolg.

Mehr Lebensqualität durch Bewegung

Schon wenige zusätzliche Bewegungseinheiten pro Tag verbessern das allgemeine Wohlbefinden. Man fühlt sich fitter, schläft besser, ist ausgeglichener – und trifft im Alltag eher gesunde Entscheidungen. Bewegung schafft die Basis für Energie, Freude und Vitalität. Ein aktiver Alltag ist der erste Schritt in ein gesünderes Leben – ganz ohne Fitnessstudio.

TIPP 23: EINE SPORTART FINDEN, DIE IHNEN SPASS MACHT

Sport ist hilfreich beim Abnehmen – keine Frage. Aber nicht irgendein Sport. Entscheidend ist, dass Sie eine Sportart finden, die Ihnen wirklich Freude bereitet. Denn was Spaß bringt, fühlt sich nicht nach Pflicht an. Ob Sie lieber im Team agieren oder alleine trainieren, ist dabei völlig egal. Wichtig ist nur: Es soll Ihnen guttun, Sie fordern – aber nicht überfordern – und sich leicht in den Alltag integrieren lassen.

Und falls Ihnen Ihre aktuelle Sportart irgendwann keine Freude mehr bereitet? Kein Problem – probieren Sie etwas Neues aus! Wer sucht, der findet.

Langfristige Motivation sichern

Eine Aktivität, die Spaß bringt, erhöht die Wahrscheinlichkeit, dass Sie dabeibleiben. Wenn Bewegung nicht als lästige Aufgabe, sondern als Ausgleich empfunden wird, trainieren Sie automatisch regelmäßiger. So wird Sport vom „Muss" zum „Will". Und regelmäßiges Training ist – wie bei fast allem – die Basis für nachhaltigen Erfolg.

Möchten Sie Muskeln aufbauen, brauchen Sie zusätzlich eine klare Trainingsstruktur. In diesem Fall ist Disziplin gefragt – aber auch sie lässt sich mit Spaß leichter aufrechterhalten. Denn wo Freude ist, braucht es weniger Überwindung.

Stressreduktion und emotionale Stabilität

Bewegung wirkt wie ein natürliches Antidepressivum – besonders dann, wenn Sie mit Freude dabei sind. Glückshormone wie Endorphine und Dopamin werden ausgeschüttet, der Stresslevel sinkt. Wer regelmäßig einen Sport treibt, der ihn begeistert, stärkt nicht nur den Körper, sondern auch das emotionale Gleichgewicht – und verhindert stressbedingtes Essen.

Klar, auch Schokolade enthält ein Glückshormon (Serotonin) – aber Sport produziert Glücksgefühle von innen heraus. Gesünder, nachhaltiger und völlig kalorienfrei.

Mehr Energie und Lebensqualität

Sportliche Aktivitäten, die Spaß bringen, sorgen für mehr Energie im Alltag. Durch die gesteigerte Durchblutung und eine erhöhte Sauerstoffaufnahme fühlen Sie sich wacher, fokussierter und belastbarer. Die Lebensqualität steigt – ganz ohne aufwändige Veränderungen. Selbst alltägliche Aufgaben gehen leichter von der Hand, wenn man sich körperlich fit und geistig klar fühlt.

Weniger Verletzungsrisiko durch gesunden Umgang

Wer mit Freude trainiert, hört eher auf den eigenen Körper. Das verringert die Gefahr, sich zu überfordern oder falsch zu belasten. Ein angenehmes Trainingserlebnis steigert die Körperwahrnehmung und hilft, Pausen bewusst einzuhalten – was wichtig ist, um langfristig gesund zu bleiben. Denn Zwangspausen durch Verletzungen reduzieren nicht nur die Aktivität, sondern erschweren auch das Erreichen des Kaloriendefizits.

Leichtere Integration in den Alltag

Was Ihnen Freude bereitet, planen Sie gern ein. Eine liebgewonnene Sportart lässt sich daher leichter in den Alltag integrieren – egal ob morgens, abends oder in der Mittagspause. Für viele ist das Training nicht nur Bewegung, sondern „Me-Time“: ein Moment für sich selbst, zum Abschalten und Auftanken.

Ich zum Beispiel gehe gerne ins Fitnessstudio. Dort finde ich meinen Ausgleich, gewinne Abstand zum Alltag und sortiere meine Gedanken. Viele fragen mich, wie ich so ruhig, gelassen und geduldig bleiben kann – meine Antwort: Sport.

Eine Sportart, die Ihnen Freude macht, ist weit mehr als nur Bewegung – sie ist Motivation, Therapie, Lebensfreude und Routine in einem. Sie sorgt dafür, dass Sie langfristig aktiv bleiben, besser mit Stress umgehen und Ihr Ziel nachhaltig erreichen. Und ganz ehrlich: Warum sollte man sich das Leben schwermachen, wenn man es sich auch leicht(er) und mit Spaß gestalten kann?

TIPP 24: KRAFTTRAINING – FÜR HÖHEREN GRUNDUMSATZ UND FETTABBAU

Krafttraining ist ein echter Gamechanger für jeden, der langfristig schlank und stark bleiben möchte. Während Ausdauertraining in erster Linie Kalorien verbrennt, hilft Krafttraining dabei, Muskulatur aufzubauen – und genau das ist der Schlüssel für einen höheren Grundumsatz. Denn Muskeln sind Stoffwechsel-Booster: Sie verbrennen selbst in Ruhe mehr Kalorien als Fettgewebe.

Mehr Muskelmasse = mehr Kalorienverbrauch

Jeder zusätzliche Muskel erhöht Ihren Grundumsatz. Selbst wenn Sie auf dem Sofa sitzen, verbraucht Ihr Körper durch mehr Muskulatur mehr Energie – ein unschätzbarer Vorteil beim Abnehmen und vor allem beim Gewichthalten.

Bessere Körperzusammensetzung

Krafttraining sorgt für einen straffen, definierten Körper. Auch wenn sich das Gewicht auf der Waage nicht sofort stark verändert, werden Sie durch den Muskelaufbau sichtbar schlanker wirken. „Skinny fat" war gestern.

Langfristige Erfolge sichern

Wer regelmäßig Krafttraining betreibt, hat es leichter, sein Gewicht zu halten. Der Körper wird leistungsfähiger, der Stoffwechsel aktiver – und Heißhungerattacken nehmen ab, weil Blutzucker und Hormone besser reguliert werden.

Gesund älter werden

Mit zunehmendem Alter baut der Körper Muskulatur ab – es sei denn, Sie tun aktiv etwas dagegen. Krafttraining beugt Sarkopenie vor, schützt Ihre Gelenke und hält Sie auch im Alter mobil und unabhängig.

Krafttraining ist also ein unverzichtbarer Bestandteil eines erfolgreichen Abnehm- und Gesundheitsprogramms. Es verbessert Ihre Figur, Ihren Stoffwechsel und Ihre Lebensqualität – heute, morgen und in der Zukunft.

TIPP 25: SCHRITTZÄHLER NUTZEN

Sie wollen abnehmen, bewegen sich aber gefühlt schon genug? Ein Schrittzähler liefert die ehrliche Wahrheit – und hilft Ihnen, bewusster mit Ihrer Alltagsbewegung umzugehen.

Transparenz statt Gefühl

Ein Tracker (z. B. Smartwatch oder Smartphone-App) zeigt Ihnen schwarz auf weiß, wie viel Sie sich wirklich bewegen. Viele Menschen überschätzen ihre Aktivität – ein Schrittzähler schafft hier Klarheit.

Motivation durch Feedback

Wer sieht, wie viele Schritte noch fehlen, ist eher bereit, abends nochmal eine Runde zu drehen. Viele Tracker belohnen Fortschritte sogar mit virtuellen Medaillen oder Erinnerungen – das kann erstaunlich motivierend wirken!

Schritte als Kalorienkiller

Wie bereits erwähnt: Schon 10.000 Schritte pro Tag können (je nach Körpergewicht) 300–500 kcal verbrennen – ganz ohne schweißtreibendes Workout. Damit ist der Schrittzähler ein einfaches und effektives Tool, um im Kaloriendefizit zu bleiben.

Bewegung bewusst integrieren

Zu Fuß zur Arbeit, Treppe statt Aufzug, eine Station früher aussteigen – all das sammelt Punkte auf Ihrem Schrittkonto. Und Sie werden sehen: Bewegung kann richtig Spaß machen, wenn Sie Ihre Fortschritte live mitverfolgen.

Ein Schrittzähler ist ein kleiner Helfer mit großer Wirkung. Er schafft Bewusstsein, steigert die Motivation und hilft Ihnen dabei, Bewegung in Ihren Alltag zu integrieren – ein echtes Must-have auf dem Weg zum Wunschgewicht.

TIPP 26: INTERVALLTRAINING – MEHR KALORIEN IN KÜRZERER ZEIT VERBRENNEN

Wenn Sie schnell Fett verbrennen wollen, ist Intervalltraining (HIIT) Ihr bester Freund. Dabei wechseln sich kurze intensive Belastungsphasen mit aktiven Pausen ab – und genau dieser Mix bringt Ihren Stoffwechsel so richtig auf Trab.

Kalorienverbrennung auf Hochtouren

Durch den Wechsel zwischen Belastung und Erholung erzielen Sie einen deutlich höheren Kalorienverbrauch – nicht nur während, sondern auch nach dem Training. Stichwort: Nachbrenneffekt (EPOC).

Mehr Fettverbrennung

Intervalltraining verbessert Ihre Fähigkeit, Fett als Energiequelle zu nutzen. Studien zeigen, dass HIIT die Fettverbrennung effektiver ankurbelt als gleichmäßiges Ausdauertraining.

Zeiteffizient und effektiv

Keine Zeit für lange Einheiten? Schon 20–30 Minuten intensives Intervalltraining reichen aus, um den Fettstoffwechsel ordentlich zu pushen. Perfekt für alle mit vollem Terminkalender.

Ausdauer + Kraft + Motivation

HIIT verbessert Ihre Herz-Kreislauf-Fitness, Ihre Leistungsfähigkeit und trainiert gleichzeitig Willenskraft und mentale Stärke. Sie wachsen über sich hinaus – und genau das bringt auch im Alltag echte Fortschritte.

Intervalltraining ist kurz, knackig und hocheffektiv. Wenn Sie Ihren Kalorienverbrauch maximieren, Fett schmelzen lassen und fitter werden wollen – go for it. Und ja, Sie werden schwitzen. Aber es lohnt sich!

TIPP 27: TRAININGSJOURNAL FÜHREN

Egal ob Sie Anfänger sind oder schon Erfahrung mit Sport haben – ein Trainingsjournal ist ein unschätzbares Tool, um Ihren Weg zum Ziel bewusst zu gestalten. Es hilft Ihnen, fokussiert zu bleiben, Ihren Fortschritt zu dokumentieren und Ihr Training strategisch zu steuern.

Fortschritte sichtbar machen

Ohne Dokumentation verlaufen Erfolge oft im Verborgenen. Wenn Sie aber schwarz auf weiß sehen, dass Sie vor drei Wochen noch acht Wiederholungen mit 30kg gemacht haben und heute zehn mit 35kg schaffen, ist das ein echter Motivationsbooster.

Training optimieren

Durch regelmäßige Notizen zu Gewicht, Wiederholungen, Sätzen, Pausen, Tagesform oder auch einfach, wie Sie sich gefühlt haben, lernen Sie Ihren Körper besser kennen. Sie erkennen, was gut läuft – und was nicht. So können Sie gezielt anpassen, statt planlos weiterzutrainieren.

Vermeidung von Stagnation

Viele Trainingsplateaus entstehen, weil keine Steigerung erfolgt. Wenn Sie Ihre Leistungen nicht festhalten, trainieren Sie schnell immer gleich – ohne neue Reize. Ein Journal zeigt Ihnen ganz klar: Was war mein letzter Stand? Was kann ich jetzt verbessern?

Struktur, Disziplin und Fokus

Ein Journal zu führen bedeutet, sich selbst Rechenschaft abzulegen – und das sorgt für Verbindlichkeit. Sie nehmen Ihr Ziel ernster. Und allein der Akt des Notierens kann Sie dazu bringen, noch ein bisschen mehr aus sich herauszuholen.

Ein Trainingsjournal ist Ihr persönlicher Spiegel, Planer und Motivator in einem. Es bringt Struktur in Ihr Training, macht Ihren Fortschritt sichtbar und gibt Ihnen die Kontrolle über Ihren Weg. Wer schreibt, der bleibt – auch im Training!

TIPP 28: MORGENS TRAINIEREN – MEHR ENERGIE FÜR DEN TAG

Morgendliches Training ist ein echter Geheimtipp für alle, die langfristig abnehmen, fitter werden und strukturierter in den Tag starten wollen. Wenn Sie sich gleich nach dem Aufstehen bewegen, aktivieren Sie nicht nur Ihren Körper, sondern auch Ihren Geist. Noch bevor Sie Ihre To-do-Liste angehen, haben Sie bereits etwas für sich selbst getan – das gibt ein gutes Gefühl und stärkt die Selbstwirksamkeit.

Fasted Training: Trainieren auf nüchternen Magen

Nach dem Aufwachen hat der Körper über mehrere Stunden keine Energie aus der Nahrung erhalten. Wenn Sie nun trainieren, greift Ihr Organismus verstärkt auf Fettreserven zurück. Dieser Effekt ist besonders im Ausdauerbereich und bei moderatem Krafttraining gut nachgewiesen.

Wichtig: Sie sollten sich dabei wohlfühlen. Wer Kreislaufprobleme oder starken Hunger hat, kann vorher eine Kleinigkeit essen oder trinken – zum Beispiel eine halbe Banane oder ein kleines Glas Saft.

Der Stoffwechsel kommt früh auf Touren

Durch die morgendliche Bewegung steigt der Energieumsatz des Körpers – und bleibt dank des Nachbrenneffekts (EPOC) über Stunden erhöht. Das bedeutet: Auch wenn Sie längst unter der Dusche stehen oder schon arbeiten, läuft Ihr Stoffwechsel noch auf Hochtouren. Diese erhöhte Energieverwertung trägt maßgeblich zur täglichen Kalorienverbrennung bei.

Ein stabiler Tagesablauf beginnt mit Bewegung

Wer morgens trainiert, baut eine feste Struktur in seinen Tag ein. Es ist wahrscheinlicher, dass Sie Ihr Training auch wirklich durchziehen, da Ihnen noch keine Verpflichtungen oder Überraschungen in die Quere gekommen sind. Abends sind wir oft zu müde oder finden Ausreden – morgens ist es einfacher, konsequent zu sein.

Körperliche und geistige Energie für den Tag

Sport setzt Endorphine frei und fördert die Durchblutung – auch im Gehirn. Dadurch fühlen Sie sich klarer, wacher und fokussierter. Das steigert nicht nur Ihre Laune, sondern auch Ihre Produktivität im Alltag.

Besser schlafen durch Bewegung am Morgen

Morgendliche Bewegung hilft auch dabei, Ihren zirkadianen Rhythmus zu stabilisieren. Ihr Körper merkt: Jetzt ist Aktivitätszeit. Abends fällt es Ihnen dann leichter, müde zu werden und einzuschlafen – was wiederum enorm wichtig für die Regeneration und den Fettabbau ist.

Weniger Stress, weniger Heißhunger

Stress ist ein zentraler Faktor bei Gewichtszunahme. Wer den Tag mit Bewegung startet, senkt den Cortisolspiegel und stärkt seine emotionale Stabilität. Damit sinkt auch die Wahrscheinlichkeit für unkontrolliertes, emotionales Essen im Laufe des Tages.

TIPP 29: YOGA ODER PILATES – FÜR BESSERE BEWEGLICHKEIT

Auf den ersten Blick wirken Yoga und Pilates ruhig, sanft und wenig schweißtreibend – doch wer regelmäßig praktiziert, merkt schnell: Diese Methoden sind nicht zu unterschätzen. Sie kräftigen die tieferliegenden

Muskelgruppen, fördern Ihre Haltung, steigern Ihre Körperkontrolle – und helfen Ihnen dabei, Stress und Heißhunger in den Griff zu bekommen.

Mehr Achtsamkeit, besseres Essverhalten

Beide Methoden fördern das Körperbewusstsein und schärfen Ihre Selbstwahrnehmung. Wer regelmäßig Yoga oder Pilates macht, hört besser auf die Signale seines Körpers – sei es Hunger, Sättigung oder Müdigkeit. Das hilft Ihnen, intuitiver zu essen und emotionale Essmuster zu durchbrechen.

Muskelaufbau für einen höheren Grundumsatz

Im Fokus stehen nicht die großen oberflächlichen Muskelgruppen, sondern die tiefe Haltemuskulatur – gerade die ist entscheidend für einen stabilen und gesunden Körper. Mehr Muskeln bedeuten einen höheren Grundumsatz, also mehr Kalorienverbrauch auch im Ruhezustand. Außerdem verbessert sich durch die Stabilität die Haltung, was wiederum Schmerzen vorbeugt und das Training effizienter macht.

Koordination, Haltung, Flexibilität

Die sanften Bewegungsabfolgen trainieren das Gleichgewicht, fördern eine aufrechte Haltung und machen Ihren Körper geschmeidiger. Verspannte Muskeln und verkürzte Strukturen werden gelöst. Das wirkt entlastend und steigert Ihre Bewegungsfreude – was wiederum den Energieverbrauch im Alltag erhöht.

Stressreduktion durch Atmung und Meditation

Yoga und teilweise auch Pilates setzen stark auf die Verbindung von Atmung, Bewegung und innerem Fokus. Atemtechniken wie Pranayama oder Box Breathing aktivieren das parasympathische Nervensystem, reduzieren Stresshormone und fördern Gelassenheit. Wer weniger gestresst ist, greift seltener zu emotionalem Essen und schläft besser – beides Schlüssel für nachhaltiges Abnehmen.

Regeneration & Ergänzung zu anderen Sportarten

Nach einem anstrengenden Intervall- oder Krafttraining wirkt eine Einheit Yoga oder Pilates regenerierend, ausgleichend und unterstützend. Die tiefe Dehnung, die bewusste Atmung und das ruhige Setting helfen

Ihrem Körper, sich zu erholen und neuen Reizen gegenüber widerstandsfähiger zu werden.

TIPP 30: TANZEN – EINE LUSTIGE ART, KALORIEN ZU VERBRAUCHEN

Tanzen ist Lebensfreude pur – und ein wahres Power-Tool, wenn es ums Abnehmen geht. Es verbindet Bewegung mit Musik, lässt Sie Kalorien verbrennen, ohne dass Sie es überhaupt merken, und bringt Abwechslung in Ihren Alltag. Außerdem kann wirklich jeder tanzen – egal ob Anfänger oder fortgeschritten, allein oder in Gesellschaft, zu Hause oder im Studio.

Kalorien verbrennen mit Spassfaktor

Je nach Intensität und Dauer verbrennen Sie beim Tanzen bis zu 400 Kalorien pro halber Stunde – und das mit einem Lächeln im Gesicht. Besonders bei flotten Tanzarten wie Zumba, Aerobic, Hip-Hop, Salsa oder wildem Freestyle kommt Ihr Kreislauf in Schwung, Sie schwitzen, lachen und bewegen sich ganz automatisch.

Flexibel, bequem und spontan

Das Beste: Sie brauchen keine spezielle Ausrüstung, keine Öffnungszeiten und keine anderen Menschen. Sie tanzen, wann und wo Sie wollen – ob morgens beim Zähneputzen, in der Mittagspause oder abends beim Kochen. Die Hürde ist gering, die Wirkung groß.

Gute Laune statt Heisshunger

Bewegung und Musik setzen Endorphine frei. Tanzen hebt die Stimmung, macht selbstbewusster und hilft Ihnen, emotionalen Hunger durch echte Lebensfreude zu ersetzen. Sie brauchen keine Schokolade zum Trösten, wenn Sie sich durch Bewegung lebendig und energiegeladen fühlen.

Mehr Koordination und Muskulatur

Tanzen fordert Ihr Gleichgewicht, Ihre Beweglichkeit und aktiviert verschiedenste Muskelgruppen – Beine, Po, Rumpf, Schultern. Dabei schulen Sie gleichzeitig Ihre Koordination, Ihr Rhythmusgefühl und Ihre Körperspannung.

Kreativität und Selbstausdruck

Tanzen ist Ausdruck – Sie dürfen wild sein, fließend, verspielt oder einfach albern. Es geht nicht darum, etwas perfekt zu machen, sondern sich zu spüren und sich selbst zu feiern. Gerade beim Abnehmen ist dieser liebevolle Zugang zum eigenen Körper enorm wichtig.

Digitale Tanz-Inspiration

Ob mit einer Tanz-App, einem YouTube-Tutorial, Online-Kursen oder TikTok-Challenges – es gibt unzählige Möglichkeiten, neue Styles und Choreos auszuprobieren. Vielleicht nehmen Sie sich vor, jeden Freitag eine neue Choreo zu lernen, und machen daraus ein kleines Ritual. Das ist jedoch kein Muss – Sie können auch einfach so tanzen, wie es Ihnen spontan einfällt. Hauptsache, Sie fühlen sich wohl.

TIPP 31: FAHRRAD STATT AUTO FAHREN

Das Fahrradfahren in den Alltag zu integrieren, ist eine der einfachsten, effektivsten und nachhaltigsten Möglichkeiten, mehr Bewegung zu schaffen – und dabei gleichzeitig etwas für die Umwelt zu tun. In einer Zeit, in der Bequemlichkeit und Zeitmangel oft als Ausrede gegen Sport genutzt werden, bietet das Fahrrad eine perfekte Lösung: Man bewegt sich, ohne zusätzliche Zeit für Sport einplanen zu müssen. Wer regelmäßig Rad fährt, verbrennt automatisch mehr Kalorien und fühlt sich oft sowohl körperlich als auch seelisch besser.

Erhöhung des Kalorienverbrauchs

Anders als beim Autofahren ist der Körper beim Radfahren dauerhaft in Bewegung. Selbst eine gemütliche Fahrt zur Arbeit oder zum Supermarkt verbraucht Energie – und wer das regelmäßig macht, baut ein konstantes Kaloriendefizit auf. Je nach Intensität und Gewicht kann man auf 30 Minuten Radfahren zwischen 200 und 500 Kalorien verbrennen. Das summiert sich – besonders, wenn das Auto dauerhaft ersetzt wird.

Verbesserung der kardiovaskulären Fitness

Das Herz-Kreislauf-System profitiert enorm vom Radfahren. Die regelmäßige Bewegung steigert die Ausdauer, verbessert die Durchblutung, senkt den Blutdruck und stärkt das Herz. Zusätzlich erhöht sich die

Lungenkapazität – man bekommt besser Luft, fühlt sich leistungsfähiger und kommt im Alltag nicht mehr so schnell aus der Puste.

Bewegung in den Alltag einbinden

Wer den Arbeitsweg mit dem Rad zurücklegt oder kleine Besorgungen damit erledigt, integriert automatisch Bewegung in seinen Tagesablauf. Kein Extra-Zeitaufwand, keine zusätzliche Sporttasche. Einfach aufsteigen, losfahren, Kalorien verbrennen – ganz ohne Fitnessstudio.

Kosten- und Zeitersparnis

Neben dem gesundheitlichen Nutzen spart man auch Geld – keine Parkgebühren, kein Sprit, weniger Wartungskosten. Zudem spart man sich in vielen Städten die lästige Parkplatzsuche und kommt teilweise sogar schneller ans Ziel, vor allem im Berufsverkehr.

Stressreduktion und mentale Klarheit

Die frische Luft, die Bewegung, der Fahrtwind – Fahrradfahren macht den Kopf frei. Der Stresspegel sinkt, Endorphine werden ausgeschüttet, und man kommt entspannt an. Wer mit dem Rad unterwegs ist, denkt seltener an Schokolade als Trostpflaster und trifft oft bewusstere Essentscheidungen.

Gelenkschonende Ausdauerbewegung

Im Gegensatz zum Joggen ist Radfahren eine sehr gelenkschonende Aktivität. Die runden, gleichmäßigen Bewegungen belasten Knie, Hüften und Rücken kaum und sind somit ideal auch für Übergewichtige oder Menschen mit Gelenkbeschwerden.

TIPP 32: SCHWIMMEN – EIN HERVORRAGENDES GANZKÖRPERTRAINING

Schwimmen zählt zu den effizientesten und gleichzeitig gelenkschonendsten Bewegungsformen überhaupt. Es ist nicht nur perfekt für alle, die Gewicht verlieren möchten, sondern eignet sich auch hervorragend zur Regeneration, zum Muskelaufbau und zur Verbesserung der Ausdauer. Das Training im Wasser fühlt sich leichter an – aber genau das ist der Clou.

Ganzkörpertraining mit hohem Energieverbrauch

Beim Schwimmen ist der gesamte Körper in Bewegung. Arme, Beine, Rumpf und sogar der Nacken arbeiten gleichzeitig. Diese komplexe Muskelbeanspruchung sorgt für eine besonders hohe Kalorienverbrennung. Je nach Intensität und Schwimmstil lassen sich zwischen 400 und 700 Kalorien pro Stunde verbrennen – bei moderatem Tempo!

Wasserwiderstand und Temperatur als Kalorienfresser

Wasser bietet mehr Widerstand als Luft – jede Bewegung fordert also mehr Kraft. Zusätzlich verbrennt der Körper Energie, um die eigene Körpertemperatur im kühlen Wasser konstant zu halten. Das bedeutet: selbst im entspannten Zustand verbrennt der Körper mehr Kalorien als an Land.

Gelenkschonend und ideal für Einsteiger

Schwimmen belastet die Gelenke kaum. Das macht es ideal für Menschen mit Übergewicht, Rückenschmerzen oder Gelenkproblemen. Besonders übergewichtige Personen profitieren vom Auftrieb des Wassers – das eigene Gewicht wird weniger spürbar, und Bewegung fällt leichter. Gleichzeitig werden Sehnen, Bänder und Gelenke geschont.

Verbesserung der Ausdauer und des Herz-Kreislauf-Systems

Regelmäßiges Schwimmen stärkt Herz und Lunge. Das verbessert nicht nur die allgemeine Fitness, sondern steigert auch die Fähigkeit, Fett effizient zu verbrennen. Der Sauerstofftransport wird optimiert, die Leistungsfähigkeit im Alltag steigt – man fühlt sich wacher, fitter, gesünder.

Muskelaufbau und Straffung

Schwimmen strafft den Körper. Es formt die Muskulatur, ohne sie aufzupumpen. Der gesamte Bewegungsapparat wird gestärkt, die Haltung verbessert und das Bindegewebe gefestigt. Ergebnis: ein definierter, fester Körper – ganz ohne Bodybuilding.

Mentaler Ausgleich und Stressabbau

Wasser wirkt beruhigend. Schwimmen ist meditativ, stressabbauend und sorgt für emotionale Ausgeglichenheit. Ein regelmäßiger Besuch im Schwimmbad kann helfen, emotionalem Essen entgegenzuwirken und die innere Balance zu stärken.

TIPP 33: ZWISCHENDURCH REGELMÄSSIG AUFSTEHEN

Zu langes Sitzen ist das neue Rauchen – so drastisch sagen es viele Experten. Wer lange sitzt, tut seinem Körper nichts Gutes. Das betrifft nicht nur die Haltung, sondern auch den Stoffwechsel, die Muskeln, den Kreislauf – und ja, auch das Gewicht.

Stoffwechsel anregen

Schon wenige Minuten des Stehens oder ein kleiner Gang zur Kaffeemaschine bringen den Stoffwechsel in Gang. Der Körper schaltet vom Ruhemodus wieder in den Aktionsmodus, Kalorien werden verbrannt, die Fettverbrennung aktiviert.

Muskelabbau und Haltungsschäden vorbeugen

Langes Sitzen schwächt die Muskulatur – vor allem im Rücken, Gesäß und in der Körpermitte. Regelmäßiges Aufstehen, Dehnen oder ein paar Schritte im Büroflur halten die Muskulatur aktiv und beugen Haltungsschäden, Verspannungen und Rückenschmerzen vor.

Kreislauf und Konzentration stärken

Bewegung zwischendurch verbessert die Blutzirkulation, was wiederum die Konzentration und Leistungsfähigkeit fördert. Wer regelmäßig aufsteht, ist nicht nur wacher, sondern hat auch mehr Energie – was auch beim Sport oder der Einhaltung des Ernährungsplans hilft.

Reduktion von Stress und Heisshunger

Kurz aufstehen, lüften, tief durchatmen – das wirkt wie ein Mini-Reset fürs Gehirn. Das Stresslevel sinkt, emotionale Anspannung wird gelöst. Dies wiederum reduziert die Wahrscheinlichkeit, sich aus Frust oder Müdigkeit mit Essen zu trösten.

Einführung von Routinen

Regelmäßiges Aufstehen ist mehr als eine Pausenübung. Wer sich angewöhnt, jede Stunde einmal aufzustehen, einen Schluck Wasser zu trinken oder eine Runde zu gehen, entwickelt automatisch gesündere Gewohnheiten. Diese kleinen Routinen summieren sich – und machen langfristig einen großen Unterschied für die Gesundheit und den Abnehmerfolg.

TIPP 34: FITNESS-APPS ODER-VIDEOS ALS ANLEITUNG UND MOTIVATION

Vielleicht denken Sie jetzt: „Das ist nichts für mich“ – aber geben Sie dem Ganzen ruhig eine echte Chance. Was haben Sie zu verlieren? Wenn es nichts für Sie ist, können Sie es immer noch sein lassen – aber wenigstens können Sie dann sagen, dass Sie es versucht haben. Und nein, ich empfehle diesen Tipp nicht nur, weil ich selbst eine App im Rahmen meines Coachings anbiete. Ich habe jahrelang andere Apps verwendet, bevor ich mein eigenes System entwickelt habe. Und ich fand viele davon sehr hilfreich – besonders zu Beginn meiner Fitnessreise.

Wenn Sie sich für Technik und kleine digitale Helfer begeistern können, bieten Fitness-Apps und -Videos eine fantastische Unterstützung auf dem Weg zum Wunschgewicht. Sie verbinden Bewegung mit Spaß, Struktur und Motivation – und sind ein echtes Allround-Werkzeug, um dauerhaft dranzubleiben. Viele Anbieter denken inzwischen ganzheitlich: Es geht längst nicht mehr nur um Training. Auch Themen wie Ernährung, Achtsamkeit, Schlaf oder Gewohnheitsbildung sind feste Bestandteile moderner Fitnessplattformen.

Meine Coaching-Kunden profitieren in der App zudem von zahlreichen hilfreichen Tools. Sie erhalten individuelle Trainings- und Ernährungspläne, Videoanleitungen zur Übungsausführung, regelmäßig neue Aufgaben und können ihre Fortschritte genau tracken. Diese Kombination aus Struktur und persönlichem Support räumt so gut wie alle Hindernisse aus dem Weg. Das Ziel bleibt stets im Blick – und rückt jeden Tag ein Stück näher.

Warum Fitness-Apps und -Videos auch für Sie ein echter Gamechanger sein könnten, zeige ich Ihnen jetzt.

Zugang zu maßgeschneiderten Trainingsplänen

Viele Apps bieten Programme, die auf das individuelle Fitnesslevel, das Ziel (z. B. Fettabbau, Muskelaufbau, mehr Ausdauer) und die zeitlichen Ressourcen zugeschnitten sind. Dabei ist es egal, ob man im Fitnessstudio trainiert, zu Hause mit dem eigenen Körpergewicht oder draußen im Park mit einer Matte. Die Pläne sind oft so flexibel gestaltet, dass sie sich optimal in den Alltag integrieren lassen. Wenn das Training zu Ihrem Alltag passt, wird es zur Routine – und Routinen bringen nachhaltige Erfolge.

Maximale Flexibilität und Unabhängigkeit

Ein klarer Vorteil von digitalen Trainings: Sie sind zeitlich und örtlich völlig flexibel. Kein Warten auf freie Geräte, keine Öffnungszeiten, keine Ausreden. Ob morgens vor der Arbeit, in der Mittagspause oder spätabends – Sie bestimmen selbst, wann und wo Sie trainieren. Diese Freiheit kann entscheidend sein, um Bewegung langfristig in den Alltag zu integrieren – und genau das ist beim Abnehmen ein echter Erfolgsfaktor.

Motivation durch Fortschritt und Feedback

Viele Apps ermöglichen es, Trainingsdaten zu speichern, Erfolge zu feiern und Fortschritte zu visualisieren. Dadurch sieht man, wie weit man schon gekommen ist – das motiviert ungemein. Kleine Auszeichnungen, wöchentliche Ziele oder Fortschrittsbalken machen das Training fast spielerisch. Man möchte die nächste Einheit einfach nicht auslassen, weil man merkt, dass sich etwas verändert – am Körper, in der Leistungsfähigkeit oder auf der Waage.

Abwechslung statt Langeweile

Ein weiteres großes Plus: Die riesige Auswahl an Trainingsarten und Workouts. Von Yoga oder Pilates über HIIT und Krafttraining bis hin zu Tanz – es wird garantiert nicht langweilig. Wer Lust auf Abwechslung hat, kann sich regelmäßig neue Trainingsformate oder Challenges aussuchen. So bleibt man nicht nur körperlich, sondern auch mental aktiv – was besonders wichtig ist, wenn man langfristig dranbleiben will.

Bessere Technik durch Videoanleitungen

Viele Apps und Plattformen bieten Video-Tutorials, die die richtige Ausführung der Übungen zeigen – oft Schritt für Schritt. Das ist gerade für Anfänger Gold wert, weil Fehler in der Technik vermieden werden. So wird das Training effektiver und das Verletzungsrisiko sinkt. Mit etwas Übung lernt man, seinen Körper besser zu kontrollieren – und spürt dadurch auch schneller die gewünschten Trainingserfolge.

Ernährungstipps und ganzheitliche Gesundheitsbegleitung

Viele moderne Apps setzen neben Training auch auf die Kombination mit Ernährung und anderen Gesundheitsfaktoren. In meinem Coaching ist die Ernährung mindestens genauso wichtig wie der Trainingsplan – und genau das vermitteln auch viele Apps. Mit Rezeptideen, Einkaufshilfen oder Kalorien-Trackern behält man den Überblick, ohne sich jeden Tag den Kopf zerbrechen zu müssen. Und wer möchte, kann sich zusätzlich durch Challenges oder Lerntools Wissen aneignen und neue gesunde Routinen entwickeln.

Fitness-Apps und -Videos sind mehr als nur ein Notfall-Plan für stressige Tage. Sie sind ein motivierender, flexibler und smarter Begleiter, der Sie Schritt für Schritt auf dem Weg zu Ihrem Ziel unterstützt. Sie liefern Struktur, Abwechslung und Feedback – und machen es einfacher, dauerhaft dranzubleiben. Wenn Sie offen für digitale Helfer sind, probieren Sie es einfach mal aus. Es könnte genau das Puzzleteil sein, das Ihnen bislang gefehlt hat. Und das Beste daran? Sie bestimmen das Tempo – und sind dabei niemals allein.

TIPP 35: DEHNÜBUNGEN – BEWEGLICHKEIT FÖRDERN, VERLETZUNGEN VERHINDERN

Ja, ich weiß – Dehnen hat keinen besonders „coolen“ Ruf. Für viele gehört es nicht zu den Lieblingsaktivitäten. Manche denken dabei vielleicht an Schulsport oder an unbequeme Yogaposen, die einem eher das Gefühl geben, eingerostet zu sein. Dabei steckt im Dehnen eine große Portion Potenzial – sowohl für die allgemeine Fitness als auch ganz konkret für Ihre Abnehmreise.

Und nein, Dehnen ist nicht nur was für Tänzerinnen oder Yogalehrer. Wer regelmäßig Krafttraining macht oder viel sitzt, wer stressbedingte

Verspannungen kennt oder einfach gesünder und beweglicher sein möchte, sollte sich das Thema Flexibilität ganz oben auf die Liste setzen. Im folgenden Abschnitt zeige ich Ihnen, warum Dehnübungen eine viel größere Wirkung haben, als viele vermuten – auch und gerade in Sachen Fettabbau.

Mehr Beweglichkeit für effektiveres Training

Regelmäßiges Dehnen sorgt dafür, dass Gelenke und Muskeln beweglicher werden. Und das bedeutet konkret: Ihre Übungen im Kraft- oder Ausdauertraining lassen sich besser, sauberer und mit größerem Bewegungsradius ausführen. Je besser eine Bewegung ausgeführt wird, desto effektiver ist sie – Sie verbrauchen mehr Energie, beanspruchen die Muskulatur gezielter und minimieren das Verletzungsrisiko.

Besonders bei Kniebeugen, Ausfallschritten oder Überkopfbewegungen im Schulterbereich zeigt sich oft: Ein Mangel an Beweglichkeit limitiert den Trainingserfolg. Dehnen hilft, diesen limitierenden Faktor zu beseitigen.

Verletzungen vorbeugen und das Training langfristig durchziehen

Durch das Dehnen werden Muskeln und Sehnen elastischer, wodurch sie besser auf Belastung reagieren. Sie können sich geschmeidiger bewegen und reagieren weniger empfindlich auf plötzliche Bewegungen oder Zugbelastung. Gerade wer regelmäßig trainiert, sollte seinen Körper auf diese Weise pflegen und schützen – denn nichts wirft einen schneller aus der Bahn als eine unnötige Zerrung, ein Muskelfaserriss oder ein schmerzhafter Hexenschuss. Prävention durch Dehnung ist einfach, aber extrem wirkungsvoll.

Förderung der Regeneration

Dehnübungen lockern verspannte Muskelpartien, verbessern die Durchblutung und unterstützen damit die Regeneration nach dem Training.

Wichtig: Direkt nach einem sehr intensiven Workout sollte man auf extremes statisches Dehnen verzichten, da die Muskulatur ermüdet und empfindlich ist. Zudem können kleine Muskelrisse entstanden sein, wie vor einem Muskelkater. Anschließendes extremes Dehnen strapaziert und verletzt die Muskulatur unnötig. Besser ist leichtes, dynamisches Dehnen am Anfang des Trainings oder eine separate Stretching-Einheit an einem Ruhetag.

Wer regelmäßig dehnt, fühlt sich insgesamt lockerer, regeneriert schneller und bleibt somit häufiger im Trainingsrhythmus.

Bessere Haltung, mehr Körperspannung

Eine gute Haltung ist nicht nur eine Frage der Ästhetik – sie beeinflusst auch, wie effizient wir uns bewegen. Wer dauerhaft verspannt ist, wird unbewusst in eine Schonhaltung gedrückt. Das kann langfristig zu muskulären Dysbalancen führen, Verkürzungen von Bändern und Rückenschmerzen verursachen, was insgesamt nicht nur die Trainingseffektivität mindert, sondern auch den Alltag einschränkt.

Dehnen hilft dabei, diese Ungleichgewichte zu korrigieren, und sorgt für eine aufrechtere, kraftvollere Körperhaltung. Gleichzeitig schult es das Körperbewusstsein – ein entscheidender Faktor, wenn man sich langfristig gesund, selbstsicher und fit fühlen möchte.

Stressabbau durch Dehnung

Dehnen hat neben physischen auch mentale Vorteile. Wer sich Zeit für kontrollierte, ruhige Bewegungen nimmt, atmet tiefer, schaltet ab – und reduziert somit den Stresspegel.

Stress ist einer der Hauptgründe für Heißhunger und emotionale Essgewohnheiten. Wenn Sie also durch regelmäßiges Dehnen zur Ruhe kommen, helfen Sie sich dabei, emotional stabiler zu bleiben und bewusster mit Essen umzugehen. Ein entspannter Körper trifft bessere Entscheidungen – auch beim Griff in den Kühlschrank.

Teil eines ganzheitlichen Fitnesskonzepts

Ein wirklich durchdachtes Trainingsprogramm berücksichtigt nicht nur Kraft und Ausdauer, sondern auch Mobilität, Beweglichkeit und Erholung. Dehnübungen runden Ihr Fitnesskonzept ab und machen es langfristig nachhaltiger. Sie fördern damit die muskuläre Balance, verhindern Überlastung und verbessern die Ausführung anderer Übungen – was wiederum zu besseren Trainingsergebnissen führt.

Dehnen ist mehr als ein Anhängsel nach dem Sport. Es ist ein eigenständiger, wertvoller Bestandteil Ihrer Trainingsroutine, der Verletzungen vorbeugt, Ihre Haltung verbessert, die Trainingsleistung erhöht, Stress reduziert und die Regeneration fördert. Wer regelmäßig dehnt, bewegt sich besser – und wer sich besser bewegt, verbrennt mehr Kalorien und hat langfristig mehr Erfolg beim Abnehmen. 2–3 Dehneinheiten pro Woche sind ein guter Anfang – oder täglich ein paar Minuten nach dem Aufstehen. Gönnen Sie Ihrem Körper die Aufmerksamkeit, die er verdient.

TIPP 36: KONKRETE BEWEGUNGSZIELE SETZEN

Vielleicht denken Sie sich: „Ich gehe doch ohnehin jeden Tag ein bisschen spazieren – reicht das nicht?" Und die Antwort ist: Es ist ein Anfang, aber es geht besser. Denn was vielen fehlt, ist ein klarer, messbarer Rahmen – ein konkretes Ziel. Das kann Wunder wirken.

Während „mehr Bewegung im Alltag" ein toller Vorsatz ist, bleibt er oft zu ungenau. Was heißt denn „mehr" konkret? Wie viel ist genug? Und wie merke ich, ob ich auf dem richtigen Weg bin? Genau hier setzen klare Bewegungsziele an. Sie sorgen für Struktur, Orientierung – und vor allem: für messbaren Fortschritt.

Klare Ziele schaffen Fokus

Wenn Sie sich ein konkretes Bewegungsziel setzen, geben Sie Ihrem Tag eine Richtung. Statt diffus zu hoffen, „irgendwie aktiv" gewesen zu sein, wissen Sie ganz genau: „Heute stehen 10.000 Schritte auf dem Plan." Dieses Ziel bringt Klarheit – und diese Klarheit führt zu konkreten Handlungen. Wer ein Ziel hat, bewegt sich gezielter, plant seinen Tag anders und lebt bewusster.

Motivationsbooster durch Zielerreichung

Ein Haken hinter dem Tagesziel, eine volle Anzeige in der App, ein kurzer Blick auf den Fortschrittsbalken – das sind kleine Belohnungen, die große Wirkung zeigen. Die regelmäßige Zielerreichung motiviert, erzeugt Stolz und verankert ein positives Gefühl mit Bewegung. Wer sich jeden Tag bewusst auf den Weg macht, spürt mit der Zeit, wie sich der eigene Alltag verändert – man wird aktiver, energetischer und bleibt automatisch mehr in Bewegung.

Routine statt Zufall

Ein konkretes Ziel bringt Planbarkeit in Ihren Alltag. Anstatt auf gute Gelegenheiten zu warten („Wenn ich später noch Lust habe, gehe ich vielleicht raus..."), wissen Sie: Die Bewegung ist fest eingeplant. Es wird zur

Gewohnheit – wie Zähneputzen. Und genau diese festen Routinen sind das Fundament für dauerhafte Veränderungen. Sie machen den Unterschied zwischen kurzfristiger Motivation und nachhaltigem Erfolg.

Flexibel und anpassbar

Ob Sie sich 10.000 Schritte pro Tag, dreimal pro Woche 30 Minuten Radfahren oder an vier Abenden die Woche 20 Minuten Krafttraining als Ziel setzen – wichtig ist nicht die Zahl, sondern die Verbindlichkeit. Die Ziele sollten realistisch, erreichbar und auf Ihre Lebenssituation abgestimmt sein. Und wenn sie mal nicht passen – kein Problem. Ziele dürfen angepasst werden. Hauptsache, sie existieren.

Selbstwirksamkeit stärken

Wenn Sie sehen, dass Sie Ihre Ziele erreichen, wächst das Vertrauen in sich selbst. Sie merken: „Ich kann etwas verändern. Ich kann es schaffen." Dieses Gefühl ist extrem kraftvoll. Es stärkt die Disziplin, das Durchhaltevermögen und das Selbstbild – und all das sind entscheidende Faktoren auf dem Weg zu einem fitteren, leichteren Ich.

Verhaltensänderung durch Zielorientierung

Wer regelmäßig Bewegungsziele verfolgt, verändert sein Verhalten dauerhaft. Man wird aktiver, bewusster – und das wirkt sich neben der Bewegung auch auf andere Lebensbereiche aus: Ernährung, Schlaf, Stressmanagement. Bewegung wird zum Anker gesunder Routinen. Und genau darum geht's beim Abnehmen: nicht um eine kurze Diät, sondern um einen langfristigen Lebensstil.

Setzen Sie sich ein klares Ziel, werden Sie sehen, wie Sie sich Schritt für Schritt entwickeln. Und irgendwann merken Sie: Es ist nicht mehr nur ein Ziel – es ist ein fester Teil Ihres Lebens geworden.

TIPP 37: MIT IHREN KINDERN ODER HAUSTIEREN SPIELEN

Sie haben weder Kinder noch Haustiere? Kein Problem, dann überspringen Sie diesen Tipp einfach oder leihen sich den Vierbeiner Ihrer Nachbarn oder das Kind Ihrer Schwester. Das klingt jetzt erstmal schräg, ist aber gar nicht so abwegig – die meisten Eltern freuen sich über eine kleine Auszeit, und auch Hundebesitzer wissen es zu schätzen, wenn jemand für Bewegung und Beschäftigung sorgt. Und falls Sie für die Betreuung sogar ein kleines Taschengeld bekommen, haben Sie gleich noch etwas mehr Motivation, aktiv zu werden.

Warum Spielen mit Kindern oder Haustieren beim Abnehmen hilft

Abnehmen muss nicht immer durch starre Trainingspläne oder Diäten erfolgen. Gerade wenn der Spaßfaktor stimmt, bleibt man eher am Ball. Kinder und Tiere sind die besten Personal Trainer, die man sich vorstellen kann: Sie sind energiegeladen, fordernd und unermüdlich. Wer sich auf ihr Bewegungslevel einlässt, macht automatisch ein Workout.

Natürliche Kalorienverbrennung durch Bewegung

Spielen ist Bewegung – ob Ballwerfen mit dem Hund, Fangenspielen im Garten oder Toben im Wohnzimmer: Diese Aktivitäten bringen Herz und Kreislauf in Schwung. Laufen, Rennen, Springen, Heben und Bücken – all das beansprucht die Muskulatur, steigert den Energieumsatz und erhöht die Fettverbrennung. Und das Beste: Man merkt kaum, dass man gerade „trainiert".

Motivation durch Spass statt durch Zwang

Wer mit Freude bei der Sache ist, bleibt auch langfristig motiviert. Spielen mit Kindern oder Haustieren sorgt für gute Laune und lenkt vom Abnehmziel ab – im positiven Sinne. Denn man denkt nicht darüber nach, wie viele Kalorien man gerade verbrennt oder wie viel man noch tun müsste. Stattdessen ist man präsent, aktiv und emotional eingebunden. Das hebt die Stimmung – und ganz nebenbei sinkt das Gewicht.

Regelmässigkeit und Kontinuität durch tägliche Interaktion

Kinder und Tiere sind keine Wochenendprojekte – sie fordern Aufmerksamkeit jeden Tag. Dadurch entsteht automatisch eine gewisse Routine. Sie gehen regelmäßig spazieren, spielen draußen oder bewegen sich im Haus. Diese Kontinuität sorgt dafür, dass Bewegung ein fester Bestandteil des Alltags wird. Und genau das ist der Schlüssel zum langfristigen Erfolg beim Abnehmen.

Ganzkörpertraining durch vielfältige Bewegungen

Wer denkt, nur im Gym trainiert man effektiv den ganzen Körper, sollte mal mit einem Kleinkind durchs Wohnzimmer krabbeln oder einen energiegeladenen Hund durch den Wald jagen. Diese scheinbar harmlosen Aktivitäten beanspruchen Beine, Arme, Rücken, Rumpf – je nachdem, was gerade gefordert ist. So entsteht ein abwechslungsreiches, funktionales Ganzkörpertraining, das auch Koordination und Gleichgewicht verbessert. Es wurde sogar mal getestet, ob ein typischer Erwachsener mit dem Bewegungsdrang eines Kindes mithalten kann. Das Ergebnis war ein vollkommen erschöpfter Mensch und ein Kind, das wie ein Duracell-Hase nicht vor weiterer Aktivität zurückschreckt.

Stressabbau und emotionaler Ausgleich

Spielen macht glücklich. Die Interaktion mit einem Kind oder Tier aktiviert das Belohnungssystem im Gehirn, senkt den Cortisolspiegel und sorgt für emotionale Ausgeglichenheit. Wer weniger gestresst ist, hat weniger Heißhunger und isst bewusster. Spielen kann also ganz klar eine Alternative zu emotionalem Essen sein.

Aktive Zeit statt sitzender Freizeit

Der Klassiker: Man ist müde, legt sich aufs Sofa und greift zur Fernbedienung – und zur Schokolade. Wer dagegen draußen mit dem Kind Fahrrad fährt oder mit dem Hund Ball spielt, bleibt in Bewegung, verbrennt Kalorien und verzichtet auf das „Nebenbei-Snacken", ohne Verzicht zu spüren. Auf diese Art wird aktive Freizeit zur neuen Normalität.

So gesehen ist das Spielen mit Kindern oder Haustieren eine wunderbare Möglichkeit, mehr Bewegung in den Alltag zu integrieren – auf ganz natürliche Weise, mit viel Spaß und ohne Leistungsdruck. Sie verbrennen Kalorien, verbessern Ihre Fitness, bauen Stress ab und fördern ganz nebenbei eine liebevolle Verbindung zu Mensch oder Tier. Ein echter Win-win-tipp, der nicht nur den Körper, sondern auch das Herz bewegt.

TIPP 38: TRAINIEREN MIT FREUNDEN – GEMEINSAM MOTIVIERT BLEIBEN

Alleine zu trainieren fällt Ihnen schwer? Keine Sorge – das geht vielen so. Die Lösung: ein Trainingspartner oder sogar eine kleine Gruppe, mit der Sie regelmäßig Sport machen. Ob gemeinsames Joggen, Training im

Fitnessstudio, ein Sportverein oder ein wöchentlicher Bootcamp-Kurs – gemeinsam geht vieles leichter.

Warum Sie mit Freunden trainieren sollten, wenn Sie abnehmen möchten

Wenn es darum geht, motiviert zu bleiben und Fortschritte zu machen, sind soziale Kontakte ein echter Turbo. Gemeinsames Training verbindet, schafft Verbindlichkeit und erhöht den Spaßfaktor – was alles zusammen dazu beiträgt, langfristig dranzubleiben und Erfolge zu feiern.

Stärkere Motivation und Durchhaltevermögen

Wenn jemand auf Sie wartet, sagen Sie das Training nicht so leicht ab. Wer mit einem Freund oder einer Freundin verabredet ist, geht eher zum Sport – aus Respekt, aber auch aus Pflichtgefühl. Diese Form von sozialer Kontrolle kann genau das Quäntchen Motivation sein, das an einem müden Tag den Unterschied macht. Dazu kommt der gegenseitige Ansporn: Man pusht sich, motiviert sich gegenseitig und geht öfter mal über die eigene Komfortzone hinaus.

Spaßfaktor und Abwechslung

Gemeinsam lachen, sich gegenseitig herausfordern, neue Sportarten ausprobieren – das bringt Abwechslung und macht das Training spannender. Wenn der Sport nicht nur als Pflicht empfunden wird, sondern Spaß macht, ist die Wahrscheinlichkeit viel größer, dass Sie langfristig dabei bleiben. Vielleicht wächst aus dem Fitnesskurs ein regelmäßiger Spieleabend, aus dem Joggingtreff ein Kaffee danach – Hauptsache, es bleibt locker und motivierend.

Soziale Unterstützung und Ermutigung

Gerade in Momenten, in denen man selbst zweifelt oder mit Rückschlägen kämpft, ist ein unterstützender Freund Gold wert. Er erinnert Sie an

Ihre Erfolge, hört zu, gibt Rückhalt – und manchmal auch den nötigen Arschtritt. Gemeinsam durch Höhen und Tiefen zu gehen, stärkt neben dem Körper auch das Vertrauen in sich selbst.

Gegenseitige Verbesserung

Ein Trainingspartner kann Sie auf Haltungsfehler hinweisen, Alternativen vorschlagen oder Tipps geben. Besonders im Krafttraining ist es hilfreich, einen Spotter zu haben, der absichert und korrigiert. So sinkt das Verletzungsrisiko und die Effektivität des Trainings steigt. Außerdem ist es einfach motivierend, gemeinsam Fortschritte zu feiern.

Wettbewerb und Ansporn

Ein freundlicher Wettstreit ist ein toller Antrieb. Wer schafft mehr Wiederholungen? Wer läuft die Strecke schneller? Solche Challenges motivieren ungemein – nicht unbedingt im Sinne von „besser sein als der andere“, sondern als gegenseitige Inspiration. Und auch wenn man mal verliert: Man hat es wenigstens versucht und wird beim nächsten Mal vielleicht schon besser sein.

Gemeinsame Ziele und Verantwortlichkeit

Gemeinsam definierte Ziele – ob sportlich, körperlich oder emotional – schaffen Verbindlichkeit. Man zieht am selben Strang, erinnert sich gegenseitig an Termine und unterstützt sich. Das kann auch bedeuten, sich zusammen auf einen Wettkampf vorzubereiten oder ein gemeinsames Trainingsziel in einer bestimmten Zeit zu erreichen. Teamwork makes the dream work.

Also: Wenn Ihnen der Weg alleine zu schwer fällt, dann holen Sie sich jemanden an Ihre Seite. Gemeinsam stark – das gilt auch beim Abnehmen. Sollten Sie niemanden in Ihrem näheren Umfeld finden, können Sie vielleicht jemanden in Ihrem Gym kennenlernen, in einem Sportkurs – oder als letzte Instanz besteht noch immer die Möglichkeit, sich regelmäßig einen Personal Trainer zu buchen.

TIPP 39: KURZE WORKOUTS ZWISCHENDURCH – 10 MINUTEN SIND BESSER ALS NICHTS

Wir alle kennen es: Der Alltag ist voll, die To-do-Liste wird länger statt kürzer, und selbst eine halbe Stunde Sport scheint utopisch. Die gute Nachricht ist: Sie brauchen nicht immer 60 Minuten im Gym, um Fortschritte zu machen. Kleine Einheiten über den Tag verteilt können genauso effektiv sein – insbesondere dann, wenn Sie sie konsequent durchziehen. Kurze Workouts sind flexibel, effizient und lassen sich ohne großen Aufwand in Ihren Tagesablauf integrieren. Im Folgenden zeige ich Ihnen, warum diese Mini-Workouts mehr bewirken, als Sie vielleicht denken.

Alltagstauglich und zeitsparend

Kurze Workouts passen in jede noch so kleine Lücke Ihres Tages. Morgens zehn Minuten früher aufstehen, in der Mittagspause ein paar Bodyweight-Übungen einbauen oder abends vor dem Zähneputzen noch ein schnelles Tabata durchziehen – die Möglichkeiten sind grenzenlos. Keine Fahrzeit zum Fitnessstudio, kein Packen der Sporttasche, kein Ausreden-Repertoire mehr. Sie brauchen nur sich selbst, Ihren Körper und ein bisschen Eigenmotivation.

Kontinuierliche Stoffwechselaktivierung

Mini-Workouts bringen Ihren Kreislauf in Schwung, aktivieren Ihre Muskulatur und steigern Ihren Energieumsatz – und das mehrfach am Tag. Statt einmal groß zu trainieren, setzen Sie viele kleine Impulse. Das hat gleich mehrere Vorteile: Sie bleiben aktiver, verbrennen insgesamt mehr Kalorien und können den Nachbrenneffekt nutzen, der auch nach einem kurzen intensiven Workout noch anhält.

Hervorragend geeignet für HIIT und Tabata

Formate wie High Intensity Intervall Training (HIIT) oder Tabata sind geradezu prädestiniert für Kurz-Workouts. In nur 4–15 Minuten können Sie sich richtig auspowern und Ihrem Körper einen effektiven Reiz setzen. Kein Wunder, dass diese Trainingsmethode längst von Fitnessstudios, Apps und Personal Trainern empfohlen wird.

Geringe mentale Einstiegshürde

„Nur zehn Minuten, das schaffe ich" – mit dieser Einstellung tricksen Sie Ihren inneren Schweinehund aus. Kurze Einheiten senken die mentale Barriere, die Sie sonst davon abhält, überhaupt anzufangen. Und wer einmal angefangen hat, bleibt oft auch dran. Aus zehn Minuten werden dann schnell 20 – und ein gutes Gefühl für den ganzen Tag.

Ideal zur Gewohnheitsbildung

Konsistenz schlägt Intensität – und kurze Workouts helfen Ihnen dabei, eine sportliche Routine zu etablieren. Wenn Sie es schaffen, sich täglich oder mehrmals pro Woche auch nur für wenige Minuten zu bewegen, bauen Sie Stück für Stück eine gesunde Gewohnheit auf. Diese wird irgendwann ganz automatisch zu Ihrem Tagesablauf gehören – so wie Zähneputzen.

Vielseitig, ortsunabhängig und anpassbar

Egal ob Sie sich zum Beispiel für Mobility, Cardio, Krafttraining oder ein kleines Stretching entscheiden – Sie haben alle Optionen. Sie brauchen weder Geräte noch viel Platz. Auch bei wenig Energie können Sie ein angepasstes Workout durchziehen. Es zählt nicht, wie hart oder lang das Training ist – sondern dass Sie in Bewegung bleiben.

Stressabbau und besseres Wohlbefinden

Selbst kurze Bewegungseinheiten reichen aus, um Glückshormone freizusetzen. Ihre Stimmung hebt sich, Ihr Stresslevel sinkt – und das hat wiederum positiven Einfluss auf Ihren Umgang mit Essen. Wer entspannt ist, greift seltener zu emotionalem Essen und bleibt klarer im Kopf. Win-win.

Kurze Workouts sind also keine Notlösung, sondern ein unterschätzter Schlüssel für dauerhaften Erfolg. Sie helfen Ihnen, trotz Zeitmangel aktiv zu bleiben, fördern die Fettverbrennung, verbessern Ihr Körpergefühl und lassen sich perfekt in jeden Alltag integrieren. Wenn Sie keine Zeit haben, sich Zeit zu nehmen – machen Sie es kurz. Hauptsache, Sie machen es.

TIPP 40: GRUPPENFITNESSKURSE – ZUR STEIGERUNG DER MOTIVATION

Ein fitter Körper muss nicht im stillen Kämmerlein entstehen – ganz im Gegenteil. In der Gruppe zu trainieren bringt mehr Spaß, aber auch mehr Energie, Verbindlichkeit und Motivation. Zumba, Spinning, HIIT, Yoga oder Functional Training – in einem guten Gruppenkurs entsteht eine Dynamik, die Sie mitreißt. Sie gehen eher an Ihre Grenzen, bleiben dran und genießen das Training, statt es nur abzuhaken. Und genau das macht Ihr Training langfristig erfolgreich.

Motivation durch soziale Bindung

In einer Gruppe sind Sie nicht allein. Sie werden mitgezogen, unterstützt und manchmal sogar herausgefordert. Plötzlich zählt nicht mehr Ihr eigener Schweinehund, sondern der Blick des Trainers, der Rhythmus der Musik und das Gefühl, Teil von etwas zu sein. Diese Kombination führt dazu, dass Sie sich stärker einsetzen, seltener ausfallen lassen und schneller Fortschritte machen.

Feste Termine = höhere Verbindlichkeit

Ein klar strukturierter Kursplan bringt Verlässlichkeit in Ihren Alltag. Wenn Sie wissen, dass montags um 18:00 Uhr Ihr Kurs startet, planen Sie automatisch drumherum. Diese Verbindlichkeit hilft besonders Menschen, die mit eigenständiger Motivation kämpfen. Wer sich anmeldet, erscheint auch – denn Absagen kostet Überwindung und bringt schlechtes Gewissen mit sich. Perfekter Trick gegen Aufschieberitis.

Traineranleitung und Korrektur

Ein erfahrener Kursleiter bringt Energie in die Gruppe, achtet darüber hinaus aber auch auf Technik und Ausführung. Das minimiert Verletzungsrisiken und maximiert den Trainingseffekt. Ein sauber durchgeführter Squat bringt Ihnen mehr als zehn unsaubere – und sorgt für sichtbare Ergebnisse.

Vielfalt an Formaten

Gruppenfitness ist so vielfältig wie nie. Ob Sie lieber tanzen, springen, boxen, sich dehnen oder schwere Gewichte stemmen – für jedes Ziel und jede Vorliebe gibt es das passende Format. (Und ich meine damit keine TV-Formate.) Abwechslung ist entscheidend, um langfristig motiviert zu bleiben. Und: Wenn Sie mal keine Lust auf Ihr übliches Training haben, probieren Sie einfach mal einen anderen Kurs aus.

Kalorienkiller mit Spassfaktor

Durch Musik, Gruppendruck und eine hohe Intensität schaffen Sie in 45 Minuten oft mehr, als Sie allein in einer Stunde hinbekommen würden. Viele Kurse kombinieren Ausdauer und Krafttraining – das bedeutet: Sie verbrennen Kalorien, bauen Muskeln auf und verbessern gleichzeitig Ihr Herz-Kreislauf-System.

Verantwortung durch Gruppenzugehörigkeit

Wer sich als Teil einer Gemeinschaft sieht, übernimmt automatisch mehr Verantwortung. Sie wollen Ihren Platz im Kurs nicht verlieren, wollen keine Enttäuschung sein, wollen dranbleiben. Und genau dieses Gefühl hilft Ihnen durch Durststrecken, schlechte Tage und Motivationslöcher. In der Gruppe werden Sie mitgezogen – selbst dann, wenn Sie alleine längst abgesagt hätten.

TIPP 41: REALISTISCHE ZIELEN SETZEN

Ein Ziel ist gut – wirklich hilfreich wird es aber nur, wenn es realistisch und erreichbar ist. Andernfalls drohen Frust, Demotivation und im schlimmsten Fall das komplette Aufgeben. In diesem Tipp geht es darum, wie Sie sich smarte, greifbare Etappenziele setzen und dadurch langfristig am Ball bleiben.

Vermeiden Sie Frust – und erhalten Sie sich die Motivation

Ein häufiger Fehler beim Abnehmen ist, sich unrealistisch hohe Ziele zu stecken. Wer erwartet, in vier Wochen zehn Kilo zu verlieren, wird schnell enttäuscht, wenn die Waage nicht das gewünschte Tempo zeigt. Das führt zu Frust, Resignation und nicht selten zu Rückfällen in alte Muster. Realistische Ziele hingegen helfen dabei, geduldig zu bleiben und Erfolge – auch kleine – wertzuschätzen. Sie erkennen, dass Fortschritt Zeit braucht. Und genau diese Erkenntnis macht Sie mental stark.

Langfristiger Erfolg statt kurzfristiger Wunder

Abnehmen ist kein Sprint, sondern ein längerfristiges Projekt. Wer versucht, mit Crash-Diäten schnell Gewicht zu verlieren, zahlt oft den Preis mit dem Jojo-Effekt. Realistische Ziele fördern stattdessen gesunde, nachhaltige Verhaltensänderungen. Lieber zwei Kilo pro Monat verlieren und dauerhaft schlanker bleiben, als fünf in zwei Wochen verlieren und danach sechs Kilo zunehmen. Der Körper passt sich nur langsam an und braucht Zeit, um sich an neue Aufgaben zu gewöhnen – geben Sie ihm diese.

Etappenziele sorgen für Rückenwind

Ein großes Ziel wirkt oft weit entfernt. Deshalb ist es wichtig, kleinere Zwischenziele zu formulieren. Wenn Sie beispielsweise zehn Kilo abnehmen möchten, dann feiern Sie auch das Erreichen der ersten zwei oder drei. Jeder kleine Erfolg motiviert Sie weiterzumachen. Diese Etappen sind wie Tankstellen auf einem langen Weg – sie versorgen Sie mit Energie und Selbstvertrauen.

Weniger Druck, mehr Freude

Unrealistische Ziele setzen Sie unter Druck. Und Druck erzeugt Stress. Wer hingegen in realistischen Etappen denkt, bleibt entspannt – und genau das ist entscheidend für langfristigen Erfolg. Sie müssen nicht perfekt sein. Nur dranbleiben. Und das gelingt Ihnen viel besser, wenn Sie wissen, dass Sie Ihr Ziel auch wirklich erreichen können. Vergleichen Sie sich dabei nicht mit anderen, sondern schauen Sie nur auf sich.

Mehr Selbstbewusstsein durch machbare Schritte

Mit jeder realistisch erreichten Etappe wächst Ihr Selbstvertrauen. Sie sehen: Es funktioniert. Sie können das schaffen. Das verändert Ihr Körperbild und Ihr Denken. Sie gehen neue Herausforderungen mit einer ganz anderen inneren Haltung an – und genau das ist der Unterschied zwischen „Ich versuche es“ und „Ich zieh das durch“.

Gesunde Veränderungen brauchen Zeit

Gesunde Ernährung und regelmäßige Bewegung benötigen einen Platz in Ihrem Alltag. Und sie finden ihn, wenn Sie sich die Zeit geben, sich an sie zu gewöhnen. Realistische Ziele unterstützen diesen Prozess. Sie verändern nicht alles auf einmal – sondern Schritt für Schritt. Und genau das ist der Weg, der langfristig funktioniert.

Balance statt Verzicht

Wenn Ihr Ziel realistisch ist, müssen Sie sich nicht komplett einschränken. Sie lernen, wie Sie Ihr Leben genießen und gleichzeitig Fortschritte machen. Sie dürfen Pausen machen, Rückschläge erleben – wichtig ist nur, dass Sie zurück auf den Weg finden. Ein Ziel, das Sie motiviert statt überfordert, hilft Ihnen dabei, diese Balance zu halten.

Realismus bringt Sie weiter als Perfektion

Realistische Ziele sind kein Zeichen von Bescheidenheit – sie sind der Schlüssel zu echtem, dauerhaftem Erfolg. Sie machen Sie geduldig, stark und widerstandsfähig. Sie motivieren zum Dranbleiben, auch wenn es mal nicht nach Plan läuft. Und sie helfen dabei, aus dem Abnehmen keinen Kampf, sondern eine Reise zu machen – mit Höhen, Tiefen und jeder Menge echter Fortschritte.

TIPP 42: BELOHNUNGEN FÜR ERFOLGE

Erfolge zu feiern und sich bewusst für Fortschritte zu belohnen, kann ein starker Motivator beim Abnehmen sein. Es geht dabei nicht einfach darum, sich etwas Gutes zu tun – vielmehr um die psychologische Wirkung. Denn wer regelmäßig positive Rückmeldung erhält, auch von sich selbst, bleibt eher am Ball und entwickelt eine gesündere Beziehung zum eigenen Körper und Verhalten.

Positive Verstärkung schafft neue Gewohnheiten

Sich nach einer erfolgreichen Woche oder dem Erreichen eines Etappenziels zu belohnen, verstärkt automatisch das Verhalten, das zu diesem Erfolg geführt hat. Das bedeutet: Wenn man regelmäßig trainiert und gesund isst, bekommt man die Bestätigung dafür – das steigert das Selbstbewusstsein und die Wahrscheinlichkeit, dass man es weiter durchzieht.

Erfolge sichtbar machen und feiern

Auch kleine Schritte zählen. Deshalb sollten nicht nur große Meilensteine wie zehn verlorene Kilos gewürdigt werden, sondern auch kleinere Dinge: etwa der Verzicht auf die Chips am Abend, die erste Woche ohne Softdrinks oder drei durchgezogene Trainingseinheiten. Sichtbare Anerkennung, wie durch Tagebucheinträge oder Fotos, hilft dabei, sich der eigenen Leistung bewusst zu werden – und stolz darauf zu sein.

Wählen Sie gesunde, sinnvolle Belohnungen

Wichtig ist: Belohnen Sie sich nicht mit dem, wovon Sie sich gerade entwöhnen. Ein XXL-Schokoriegel als Belohnung für eine erfolgreiche Woche konterkariert das Ziel und kann alte Muster verstärken. Stattdessen: Gönnen Sie sich etwas, das Sie auf andere Art glücklich macht. Beispiele wären:

- Ein neues Sportoutfit oder ein schickes Kleidungsstück
- Ein entspannender Sauna- oder Wellnesstag
- Ein neues Buch, ein Konzertticket oder ein Kinobesuch
- Eine Massage oder ein freier Nachmittag für Sie ganz allein

Belohnungen passend zum Fortschritt auswählen

Nicht jeder Fortschritt braucht eine große Belohnung. Es darf auch mal eine Kleinigkeit sein – Hauptsache, es fühlt sich gut an. Je größer der Aufwand oder der Fortschritt, desto wertvoller darf auch die Belohnung ausfallen. So stärken Sie das Gefühl für Fairness und bekommen Lust weiterzumachen.

Belohnungen gezielt einsetzen

Planen Sie die Belohnungen aktiv ein. Schreiben Sie sich schon beim Setzen eines Etappenziels auf, was Sie sich gönnen, sobald Sie es erreicht haben. Diese „Zielprämie“ kann zusätzliche Motivation bringen, wenn es mal schwer wird. Wichtig dabei: Machen Sie sich bewusst, dass Sie es sich verdient haben.

TIPP 43: VISUALISIEREN VON FORTSCHRITT UND ERFOLG

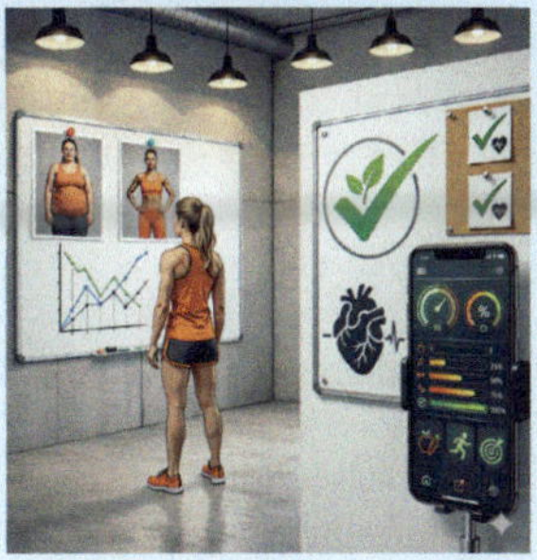

Ihr Kopf spielt beim Abnehmen eine größere Rolle, als Sie denken. Die Fähigkeit, sich selbst beim Erreichen der eigenen Ziele zu sehen, kann eine starke Motivation sein. Leistungssportler nutzen diese Technik seit Jahrzehnten: Sie stellen sich im Kopf vor, wie sie das Rennen gewinnen, die Hürde nehmen oder die Medaille in den Händen halten. Dieses mentale Training können Sie genauso für Ihr Abnehmziel nutzen.

Gedankliche Bilder schaffen Motivation

Stellen Sie sich so konkret wie möglich vor, wie es ist, wenn Sie Ihr Ziel erreicht haben: Wie Sie sich fühlen, wie Sie aussehen, was Sie tragen, wie Sie sich bewegen. Je intensiver Sie dieses Bild vor Augen haben, desto greifbarer und realer wird das Ziel. Es entsteht ein inneres Warum – und das treibt Sie an.

Fortschritte sichtbar dokumentieren

Nicht nur die Vorstellungskraft, auch das Festhalten realer Veränderungen hilft. Machen Sie regelmäßig Fotos, messen Sie Ihren Bauchumfang, notieren Sie Ihr Gewicht oder schreiben Sie Erlebnisse und Empfindungen in ein Tagebuch. So sehen Sie, was sich über Wochen oder Monate verändert – und erkennen, dass sich der Einsatz lohnt.

Stärken Sie Ihr Selbstvertrauen durch sichtbare Erfolge

Wer sieht, wie weit er gekommen ist, glaubt auch daran, dass noch mehr möglich ist. Die eigene Entwicklung schriftlich oder bildlich festzuhalten, stärkt Ihr Vertrauen in sich selbst. Und wenn Sie mal ins Straucheln kommen, werfen Sie einen Blick auf Ihre bisherigen Erfolge. Diese erinnern Sie daran, was Sie geschafft haben – und was Sie noch schaffen werden.

Nutzen Sie Tools zur Selbstkontrolle

Apps, Tabellen oder simple Diagramme können helfen, Ihre Entwicklung übersichtlich darzustellen. Ganz gleich, ob Gewichtskurve, Fitnessfortschritt oder Häkchen im Kalender: Alles, was sichtbar zeigt, dass Sie dranbleiben, ist ein Verstärker für Ihre Disziplin.

Machen Sie sich Ihr Ziel immer wieder bewusst

Kleben Sie sich ein Bild an den Spiegel, erstellen Sie ein Visionboard oder notieren Sie sich Ihr Zielgewicht auf einem Zettel, den Sie im Portemonnaie bei sich tragen. Je öfter Sie an Ihr Ziel denken – visuell und emotional –, desto mehr programmieren Sie Ihr Handeln auf Erfolg. Und wenn der Gedanke ans Aufgeben kommt, reicht meist ein Blick auf diese Erinnerungen, um die Motivation zurückzuholen.

TIPP 44: PERSÖNLICHE GRÜNDE FÜRS ABNEHMEN NOTIEREN

Das Abnehmen beginnt im Kopf – und genau dort setzt dieser Tipp an. Wer seine Gründe für das Abnehmen schriftlich festhält, schafft nicht nur Klarheit, sondern auch eine dauerhafte Motivationsquelle. Das Aufschreiben macht Ihre Ziele greifbarer, stärkt deren Verbindlichkeit und bietet Ihnen in schwierigen Phasen einen wertvollen Anker. Hier zeige ich Ihnen, warum es so hilfreich ist, sich die eigenen Beweggründe bewusst zu machen, und wie Sie diese als Antrieb für Ihren Weg nutzen können.

Klarheit schaffen und den Fokus schärfen

Das Leben ist vollgepackt mit Terminen, Aufgaben und Verpflichtungen – da fällt es leicht, eigene Vorhaben aus dem Blick zu verlieren. Gerade deshalb ist es wichtig, sich die persönlichen Ziele regelmäßig ins Gedächtnis zu rufen. Wenn Sie Ihre Gründe fürs Abnehmen schriftlich festhalten, ordnen Sie Ihre Gedanken und bringen Ihre Motivation auf den Punkt.

Ein aufgeschriebener Gedanke ist konkreter als ein flüchtiger Vorsatz im Kopf. Und er erinnert Sie auch dann an Ihr Ziel, wenn der Alltag turbulent wird. Die Liste Ihrer Beweggründe dient Ihnen als innerer Kompass – damit Sie wissen, warum Sie sich für diesen Weg entschieden haben und worauf Sie hinarbeiten.

Langfristige Motivation sichern

Die Anfangsmotivation ist oft hoch – doch mit der Zeit kommt es zu Durststrecken. Vielleicht geht das Gewicht langsamer runter als erwartet. Vielleicht durchleben Sie stressige Phasen, in denen gesunde Ernährung und Bewegung schwerer fallen. In solchen Momenten hilft ein Blick auf Ihre schriftlich festgehaltenen Gründe.

So erinnern Sie sich daran, warum Sie begonnen haben. Vielleicht möchten Sie fitter für Ihre Kinder sein, gesundheitliche Beschwerden lindern oder sich in Ihrer Haut wieder wohlfühlen. Diese Gründe sind Ihr innerer Treibstoff. Wenn Sie sich das ins Gedächtnis rufen, fällt Ihnen das Dranbleiben leichter, auch wenn Sie auf Hürden stoßen.

Erfolge besser nachvollziehen

Wenn Sie wissen, warum Sie abnehmen wollen, können Sie auch klarer einschätzen, welche Erfolge Sie bereits erzielt haben. Ihre Gründe dienen nicht nur als Startpunkt, sondern auch als Messlatte für Ihre Fortschritte. Schauen Sie regelmäßig auf Ihre Liste: Haben Sie sich gesundheitlich verbessert? Schlafen Sie besser? Fühlen Sie sich leichter oder energiegeladener?

Zudem können sich Gründe im Laufe der Zeit verändern. Vielleicht war anfangs die Optik im Vordergrund – später rücken gesundheitliche Aspekte stärker in den Fokus. Ihre Liste lässt sich jederzeit anpassen und weiterentwickeln. So bleibt sie ein dynamisches Werkzeug, das Sie auf Ihrem Weg begleitet.

Verantwortung übernehmen und sich selbst verpflichten

Wenn Sie Ihre Gründe schwarz auf weiß festhalten, treffen Sie eine bewusste Entscheidung. Es ist ein Zeichen an Sie selbst: Ich nehme meine Ziele ernst. Diese Selbstverpflichtung erhöht die Verbindlichkeit – und sorgt dafür, dass Sie nicht bei jeder kleinen Schwierigkeit das Handtuch werfen.

Natürlich können Sie Unterstützung bekommen – durch Freunde, Familie oder einen Coach. Aber Sie selbst sind der wichtigste Motor Ihres Fortschritts. Ihre Gründe helfen Ihnen, die Verantwortung für Ihren Weg zu übernehmen und ihn mit Überzeugung zu gehen.

Sichtbare Erinnerung als täglicher Begleiter

Ihr Zettel mit den Gründen sollte nicht in einer Schublade verschwinden. Hängen Sie ihn an den Kühlschrank, kleben Sie ihn an den Badezimmerspiegel oder legen Sie ihn auf den Schreibtisch. Je sichtbarer, desto besser. Denn mit jeder Erinnerung fällt es Ihnen leichter, Ihre Entscheidung täglich zu bestätigen.

Nutzen Sie auch visuelle Anker: alte Fotos, inspirierende Bilder oder ein Zitat, das Sie motiviert. Alles, was Ihnen hilft, Ihr Ziel im Blick zu behalten, ist erlaubt. Denn Motivation lebt von Wiederholung – und davon, dass man sich immer wieder neu auf sein Ziel ausrichtet.

Die eigene Motivation besser verstehen

Das Aufschreiben Ihrer Gründe ist auch eine Form der Selbstreflexion. Was treibt Sie wirklich an? Welche Veränderungen wünschen Sie sich im Leben – über die Zahl auf der Waage hinaus?

Wenn Sie Ihre Beweggründe analysieren, gewinnen Sie ein tieferes Verständnis für Ihre Bedürfnisse. Und nur wer diese kennt, kann passende Strategien entwickeln. Abnehmen wird damit mehr als nur ein kurzfristiges Ziel. Es wird ein Weg zu einem erfüllteren, gesünderen Leben – aus eigenem Antrieb.

Exkurs: Intrinsische und extrinsische Motivation

Intrinsische Motivation entsteht aus Ihrem Inneren heraus – etwa, weil Sie sich fitter fühlen oder Ihren Körper gesund erhalten möchten. Extrinsische Motivation hingegen stammt von außen: zum Beispiel durch Lob, Komplimente oder gesellschaftliche Erwartungen.

Beide Formen sind legitim – aber auf Dauer ist es die **intrinsische Motivation**, die Sie tragen wird. Wenn Sie sich selbst ein besseres Leben schenken wollen, steigen Ihre Ausdauer, Ihr Engagement und Ihr Erfolg. Ihre Gründe sollten deshalb möglichst aus Ihnen selbst kommen. Dann wird der Abnehmprozess von einer lästigen Pflicht zu einem persönlichen Entwicklungsweg.

Aufgeschriebene Gründe als Schlüssel zum Dranbleiben

Das schriftliche Festhalten Ihrer Gründe ist ein einfacher, aber enorm wirksamer Schritt. Es hilft Ihnen, Klarheit zu gewinnen, Ihre Motivation zu bewahren und den Fokus nicht zu verlieren – besonders in schwierigen Momenten. Nutzen Sie Ihre Liste als Kompass, als Stütze und als tägliche Erinnerung an das, was wirklich zählt: Ihre Gesundheit, Ihr Wohlbefinden und Ihre persönliche Entwicklung. Und denken Sie daran: Wer weiß, wofür er kämpft, gibt nicht so schnell auf.

TIPP 45: EIGENE ZIELE MIT ANDEREN TEILEN

Wenn man seine Ziele mit anderen teilt, geht man einen bewussten Schritt in Richtung Verbindlichkeit. Sie zeigen nicht nur sich selbst, sondern auch Ihrer Umwelt: „Ich meine es ernst." Genau darin liegt die Kraft dieses Tipps. Es geht darum, sich Unterstützung zu holen, Verantwortung zu übernehmen und von der Dynamik sozialer Interaktion zu profitieren – auf dem Weg zu Ihrem eigenen Abnehmerfolg.

Öffentliche Verpflichtung als Antrieb

Das Aussprechen eines Ziels verändert die innere Haltung. Wenn Sie anderen mitteilen, dass Sie abnehmen möchten, entsteht automatisch eine Form von Verpflichtung. Sie stehen nicht mehr nur sich selbst gegenüber in der Verantwortung, sondern auch gegenüber den Menschen, denen Sie Ihr Ziel anvertraut haben. Das steigert das Durchhaltevermögen, selbst an schwierigen Tagen. Wer es laut ausspricht, nimmt sein Vorhaben ernst.

Unterstützung aus dem Umfeld nutzen

Mitstreiter machen den Weg leichter. Familie, Freunde, Kollegen – sie alle können wertvolle Verbündete sein. Ob motivierende Worte, gemeinsames Training oder Tipps zur Ernährung: Unterstützung wirkt. Oft kommen dadurch neue Ideen oder Perspektiven ins Spiel, die den eigenen Weg bereichern. Vielleicht entsteht sogar ein neues Gemeinschaftsgefühl – und Sie fühlen sich weniger allein mit Ihrem Ziel.

Soziale Bestätigung steigert die Motivation

Lob und Zuspruch wirken wie Dünger für Ihre Motivation. Wenn andere sehen, wie diszipliniert Sie sich verhalten, wird Ihr Fortschritt wertgeschätzt. Ein nettes Kompliment, ein anerkennendes Nicken – solche

Gesten stärken Ihre Überzeugung, auf dem richtigen Weg zu sein. Und manchmal reicht allein die Vorstellung, dass jemand nachfragt, wie es läuft, um motiviert zu bleiben.

Erfahrungsaustausch als Inspirationsquelle

Nicht selten ist das Teilen von Zielen der Einstieg in spannende Gespräche. Vielleicht erzählt jemand von eigenen Erfolgen oder Herausforderungen. Sie profitieren davon – durch neue Lösungsansätze, durch geteilte Erfahrungen, durch das Gefühl: „Ich bin nicht allein." Austausch kann neue Energie freisetzen und den Glauben daran stärken, dass Veränderung möglich ist.

Reflexion durch Formulieren

Wenn man sein Ziel formuliert, muss man es konkret benennen. Das hilft dabei, sich darüber klar zu werden, was man wirklich will – und warum. Diese Reflexion schärft den Fokus und erleichtert die Zielverfolgung.

Isolation vermeiden, Gemeinschaft erleben

Viele Menschen scheitern, weil sie glauben, den Weg alleine gehen zu müssen. Dabei ist es keine Schwäche, um Hilfe zu bitten oder sich zu öffnen. Im Gegenteil: Austausch schafft Verbindung – und Verbindung stärkt. Wer mit anderen zusammenarbeitet, fühlt sich eingebunden, verstanden und unterstützt. Diese sozialen Erlebnisse sind Balsam für die Seele – und Motivation pur.

TIPP 46: GEDULD MIT SICH SELBST

Abnehmen ist wie eine lange Wanderung, bei der es mal bergauf, mal bergab geht, mal steinig ist, aber auch unterstützender Rückenwind wehen kann. Nicht in 30 Tagen zur Traumfigur, sondern mit bewussten kleinen Schritten zu einem neuen Lebensstil. Geduld hilft, diesen Weg zu gehen – ohne sich zu verlieren. Wer mit sich selbst nachsichtig ist, bleibt länger motiviert, geht gesünder mit Rückschlägen um und entwickelt eine tiefere Form von Selbstakzeptanz. Genau darum geht es in diesem Tipp.

Realistische Erwartungen bewahren

Viele Menschen setzen sich zu Beginn überambitionierte Ziele und scheitern, wenn der schnelle Erfolg ausbleibt. Geduld bedeutet, den Körper in seinem eigenen Tempo arbeiten zu lassen. Eine nachhaltige Gewichtsreduktion geschieht nicht von heute auf morgen. Kleine Erfolge verdienen Anerkennung, auch wenn sie auf der Waage kaum sichtbar sind. Wer sich Zeit gibt, verhindert Frust und bleibt länger motiviert.

Rückschläge akzeptieren – und daraus lernen

Ein schlechter Tag ist kein verlorenes Rennen. Jeder Mensch hat Tiefpunkte. Es ist wichtig, diese als Teil des Prozesses zu akzeptieren. Wer mit Geduld auf sich selbst blickt, reagiert mit Verständnis statt mit Selbstvorwürfen. Gerade in solchen Momenten trennt sich der kurzfristige Versuch vom langfristigen Wandel. Wer dranbleibt, wächst – nicht trotz, sondern gerade wegen der Rückschläge.

Selbstfürsorge statt Selbstkritik

Geduld ist Ausdruck von Selbstfürsorge. Sie signalisiert: „Ich bin es mir wert, gut mit mir umzugehen." Der Blick auf den Körper verändert sich. Sie achten mehr auf Ihr Wohlbefinden und weniger auf Idealbilder. Diese Haltung stärkt das Selbstbild und wirkt sich positiv auf Ihre Motivation aus. Denn wer sich selbst annimmt, ist eher bereit, liebevoll an sich zu arbeiten.

Neue Gewohnheiten brauchen Zeit

Wenn man versucht, sein Leben über Nacht umzukrempeln, wird man schnell überfordert sein. Veränderungen brauchen Wiederholung – und Wiederholung braucht Zeit. Geduld ermöglicht es, alte Muster schrittweise zu durchbrechen und neue Gewohnheiten zu etablieren. Jeder kleine Schritt ist ein Fortschritt. Statt alles auf einmal ändern zu wollen, lohnt es sich, einen Punkt nach dem anderen anzugehen.

Balance statt Extreme

Geduld hilft, Extreme zu vermeiden. Kein Hungern, keine Verbote, kein Alles-oder-nichts-Denken. Stattdessen ein achtsamer Weg hin zu mehr Gleichgewicht. Sie entwickeln einen nachhaltigen Lebensstil, der auch langfristig funktioniert – und der Ihnen Freude bereitet. So bleiben Sie motiviert und schaffen es, Ihr Wunschgewicht zu halten, ohne ständig an Ihre Grenzen zu gehen.

Durchhaltevermögen entwickeln

Geduld ist die Grundlage für Ausdauer. Wer langfristige Ziele verfolgt, braucht innere Stabilität. Resilienz entsteht nicht durch sofortige Erfolge, sondern durch die Fähigkeit, auch bei langsamen Fortschritten weiterzumachen. Genau das ist es, was langfristig zählt – und was Ihnen ermöglicht, dauerhaft gesund, fit und zufrieden zu bleiben.

Denken Sie daran: Der Weg zählt. Und jeder Schritt bringt Sie weiter – solange Sie dranbleiben und nicht rückwärts gehen.

ZWISCHENSTOPP

Damit ist **Tipp 46** abgeschlossen. Wir sind schon fast bei der Hälfte – ganz schön stark, oder? Mittlerweile haben wir zusammen getanzt, haben gemeinsam intensiv geatmet und Schritte gesammelt, was das Zeug hält. Oder haben Sie das Buch bisher in einem Zug durchgesuchtet, ohne bereits den ein oder anderen Tipp umzusetzen?

Ich muss zugeben, ich bin ein bisschen zwiegespalten. Einerseits fühle ich mich geehrt und geschmeichelt, weil Sie offenbar Feuer und Flamme sind und das Buch am liebsten auf einmal verschlingen wollen.

Andererseits macht es mich fast ein kleines bisschen traurig, wenn du bisher noch nicht ins Handeln gekommen bist.

Du? Ja, genau du. Ab jetzt wird es persönlich. Klingt fast wie eine Drohung.

Bedanken kannst du dich an dieser Stelle bei meinen Followern auf Instagram. Also vielleicht auch bei dir, solltest du dazugehören. Dort wurde nämlich – während ich schon schrieb – abgestimmt, dass dieses Buch in der **Du-Form** geschrieben werden soll. Also geht's ab hier einfach mit „du" weiter. Denn ganz ehrlich? Ich finde, sie haben Recht.

Das Thema Gesundheit, Wohlbefinden und körperliche Veränderung ist nun mal ein sehr persönliches. Es ist etwas, das tief im Inneren wurzelt, und wenn ich dich wirklich erreichen möchte, dann muss ich dich auch direkt ansprechen.

Klar, ich hätte nach dieser Erkenntnis auch alles, was ich bis hierhin geschrieben habe, in die Du-Form ändern können. Doch ich habe mich bewusst dagegen entschieden. Warum? Wie ich anfangs schon erklärt habe, ist dies mein erstes Buch – das heißt, ich befinde mich hier mitten in einer Entwicklung. Und das ist unsere große Gemeinsamkeit: Auch du bist gerade in einer Entwicklung. (Vermutlich) nicht vom Experten zum Autor, wie ich, aber von deinem jetzigen Gewicht hin zu deinem Wunschkörper. Und was passiert, während man sich entwickelt?

Genau: Wir machen Fehler – und lernen daraus. Bisher dachte ich, das Sie sei in einem Buch wie diesem angemessen und erwünscht – so, wie du vielleicht Diätmythen geglaubt hast oder nicht wusstest, welche Zutaten in deinen Snacks stecken. Jetzt weiß ich es besser – also mache ich es besser.

Fehler sind nicht schlimm. Sie sind Teil des Fortschritts. Deshalb bleibt die erste Hälfte in Sie-Form, und deshalb duze ich dich ab hier – so, wie du ab einem bestimmten Zeitpunkt etwas anders machst, um abzunehmen und gesünder zu leben.

Du darfst mich übrigens **Patrick** nennen. Und wenn ich es schaffe, auch nur im Ansatz eine Vorbildfunktion für dich zu übernehmen oder dir durch meine Worte ein besseres Gefühl zu geben – dann erfüllt mich das mit Stolz.

Ich freue mich über jeden einzelnen Fortschritt, den du machst. Und das ist doch eine perfekte Überleitung zum nächsten Thema: **Vorbilder und Idole**.

TIPP 47: POSITIVE VORBILDER FINDEN

Sich ein Vorbild zu suchen, das zu den eigenen Wünschen und Lebensumständen passt, kann ein starker Motivator auf dem Abnehmweg sein. Wichtig ist dabei, dass du dich nicht mit Menschen vergleichst, deren Alltag und Voraussetzungen völlig anders sind als deine. Eine Mutter von zwei Kindern, die Vollzeit arbeitet, wird vermutlich wenig Inspiration aus dem Tagesablauf eines Profibodybuilders ziehen können – und das ist völlig okay. Höchstwahrscheinlich will sie aber auch gar nicht so aussehen.

Insbesondere beim Thema Nachwuchs können Kinderlose schwer mitreden, Theorie und Praxis sind hier vollkommen unterschiedlich und wirkliches Verständnis für die vielseitigen unmöglichsten Vorfälle und Veränderungen im Leben mit diesen kleinen Wundern findet man nur unter Menschen, die dieses Schicksal teilen.

Suche dir darum ein Vorbild, das deinem Leben ähnelt, dich inspiriert und dir zeigt: Es ist machbar.

Inspiration und Motivation

Vorbilder machen Mut. Sie zeigen dir, dass es geht. Dass Veränderungen möglich sind, auch wenn es zu Beginn vielleicht aussichtslos erscheint. Erfolgsgeschichten anderer Menschen wecken den Glauben an dich selbst. Und manchmal brauchst du nur diesen einen Funken, der sagt: „Wenn sie oder er das geschafft hat, dann kann ich das auch." Ganz gleich, ob dein Vorbild eine bekannte Persönlichkeit oder jemand aus deinem persönlichen Umfeld ist – Hauptsache, die Geschichte der Veränderung bewegt dich.

Praktische Ratschläge und Strategien

Viele Menschen, die ihr Ziel bereits erreicht haben, teilen ihre Erfahrungen. Auf Social Media, in Podcasts, in Interviews oder einfach im Gespräch. Daraus kannst du jede Menge nützliche Tipps ziehen. Welche Mahlzeiten haben ihnen geholfen? Welche Trainingsformen? Wie sind sie mit Rückschlägen umgegangen? Du musst nicht jeden Fehler selbst machen – nutze das Wissen anderer und finde heraus, was für dich und dein Vorhaben passt.

Emotionale Unterstützung und Ermutigung

Gerade in Momenten, in denen du zweifelst oder strauchelst, kann ein Vorbild dir den nötigen Halt geben. Das Gefühl, dass jemand diesen Weg schon gegangen ist und ähnliche Hürden überwunden hat, macht Mut. Vielleicht identifizierst du dich sogar mit der Geschichte dieser Person – das verbindet und motiviert dich weiterzumachen.

Realistische Ziele setzen

Wenn du siehst, wie jemand mit vergleichbaren Voraussetzungen Schritt für Schritt seine Ziele erreicht hat, hilft dir das auch bei deiner eigenen Planung. Du lernst, was realistisch ist, was Zeit braucht und wo Stolperfallen lauern können. Anstatt dich von unrealistischen Social-Media-Idealen unter Druck setzen zu lassen, orientierst du dich an machbaren Etappen.

Glauben an dich selbst stärken

Vorbilder zeigen dir: Du kannst das schaffen. Sie geben dir den Glauben zurück, wenn du ihn vielleicht gerade verloren hast. Ihr Erfolg wird zu deiner Hoffnung. Je mehr du dich mit Menschen umgibst – auch virtuell –, die ihre Ziele erreicht haben, desto stärker wird dein Vertrauen in deine eigene Fähigkeit, ebenfalls ans Ziel zu kommen.

Gemeinschaft und Unterstützung

Häufig sind Vorbilder auch Teil von Communitys. Gruppen, die sich gegenseitig motivieren, Rezepte teilen oder sich über Trainings austauschen. Wenn du solchen Gruppen beitrittst oder darin aktiv wirst, bekommst du nicht nur Unterstützung, sondern gibst auch etwas zurück. Gemeinsam ist vieles einfacher – und manchmal macht es sogar richtig Spaß.

Gesunde Lebensstile übernehmen

Wer regelmäßig gesunde Gewohnheiten sieht, fängt oft automatisch an, sie zu übernehmen. Wenn dein Vorbild morgens Zitronenwasser trinkt, sich bewegt, ausreichend schläft und achtsam isst, wirst du vermutlich mit der Zeit genau das ausprobieren wollen. Und ehe du dich versiehst, wird aus der Inspiration eine neue Gewohnheit.

Vielleicht hast du auf meinem Instagram solche Elemente in meinen Storys entdeckt: Reminder an das Zitronenwasser, die täglichen fünf Portionen Obst und Gemüse oder die einfache Umfrage „Heute Sport?". Bei Letzterem möchte doch niemand jeden Tag mit schlechtem Gewissen auf „Nein" drücken müssen.

Kurz gesagt: Ein gutes Vorbild motiviert, gibt Kraft, zeigt den Weg und macht Mut. Es erinnert dich daran, dass du nicht allein bist – und dass Veränderung möglich ist. Lass dich inspirieren, suche bewusst nach Vorbildern, die dich ansprechen, und orientiere dich an dem, was für dich erreichbar und lebenswert erscheint. Du musst den Weg nicht allein gehen – manchmal reicht es, einem Licht zu folgen, das vor dir leuchtet.

TIPP 48: RÜCKSCHLÄGE AKZEPTIEREN UND DARAUS LERNEN

Du wirst stolpern. Du wirst Phasen haben, in denen du wenig Motivation hast. Vielleicht kommt eine Woche mit Familienfesten, ein Urlaub oder einfach der Stress im Job. Vielleicht hast du sogar alles perfekt geplant – und dann macht dein Körper nicht mit. Genau in diesen Momenten ist es wichtig zu wissen: Rückschläge sind kein Zeichen des Scheiterns. Sie sind ein ganz normaler Teil jeder Veränderung.

Vermeiden von Entmutigung und Frustration

Nichts demotiviert so sehr wie das Gefühl, versagt zu haben. Doch ein einzelner Tag, an dem du über deinen Kalorienbedarf isst oder ein paar Trainingseinheiten ausfallen lässt, macht dich nicht zum Versager. Es macht dich menschlich. Selbst bei professioneller Begleitung im Coaching kommen Rückschläge vor – Wasseransammlungen, hormonelle Schwankungen, Muskelaufbau oder einfach Lebenssituationen, die sich nicht kontrollieren lassen. Entscheidend ist nicht der Rückschlag, sondern wie du damit umgehst. Man muss sein Gewicht auch nicht täglich kontrollieren. Und tut man es, darf man sich durch derartige Schwankungen keinesfalls entmutigen lassen.

Förderung einer langfristigen Perspektive

Wenn du verstehst, dass es auf die Summe deiner Taten ankommt und nicht auf eine einzelne Woche, wirst du gelassener. Du gibst nicht gleich auf, nur weil die Gewichtsabnahme mal stagniert oder ein paar Gramm mehr auf der Waage stehen. Eine nachhaltige Veränderung braucht Zeit. Jeder Rückschlag ist eine kleine Erinnerung daran, dass du in einem Prozess steckst – und der verläuft eben nicht linear.

Entwickeln von Anpassungsfähigkeit

Rückschläge geben dir wichtige Informationen. Vielleicht hast du zu wenig gegessen und dein Körper hat rebelliert. Vielleicht brauchst du mehr Pausen, oder dein Training passt nicht mehr zu deinem Energielevel. Wer lernt, auf Rückschläge zu reagieren, wird stärker. Du entwickelst ein besseres Gespür für dich selbst und kannst dein Verhalten gezielt anpassen. Das ist ein riesiger Gewinn.

Stärkung der Motivation und des Engagements

Es klingt paradox, aber gerade in schwierigen Phasen kannst du beweisen, wie ernst es dir wirklich ist. Wenn du trotz eines Tiefs weitermachst, stärkst du dein Selbstvertrauen. Du merkst: „Ich halte durch. Ich lasse mich nicht aus der Bahn werfen." Das gibt Kraft für alle weiteren Schritte und festigt dein Engagement.

Vermeiden unrealistischer Erwartungen

Viele starten mit der Vorstellung, jede Woche müsse sich etwas auf der Waage tun. Das ist schlicht nicht realistisch. Dein Körper ist keine Maschine. Er reagiert auf äußere Einflüsse, Stress, Hormone, Schlaf, Zyklus und vieles mehr. Je früher du akzeptierst, dass nicht jeder Tag gleich ist, desto gesünder wird dein Mindset. Du hörst auf, dich von kurzfristigen Rückschritten entmutigen zu lassen.

Förderung eines gesunden Selbstwertgefühls

Wer jeden kleinen Ausrutscher mit Selbstvorwürfen bestraft, zerstört auf Dauer das eigene Selbstbild. Wenn du aber erkennst, dass Rückschläge kein Makel, sondern ein ganz normaler Teil der Reise sind, bleibst du gnädig mit dir selbst. Du entwickelst ein gesundes Maß an Selbstmitgefühl. Und das ist viel wert – beim Abnehmen, aber auch im restlichen Leben.

Sicherung langfristiger Erfolgsaussichten

Langfristig erfolgreich ist nicht derjenige, der nie scheitert – sondern der, der sich nach einem Rückschlag wieder aufrappelt. Wer versteht, dass es Aufs und Abs gibt, bleibt auf Kurs. Du entwickelst Resilienz, Durchhaltevermögen und Flexibilität. Und genau das brauchst du, um dein Ziel zu erreichen und zu halten.

Merk dir: Es ist okay, vom Weg abzukommen – solange du weißt, wie du wieder zurückfindest. Gib dir selbst die Erlaubnis, unperfekt zu sein. Denn echte Veränderung passiert nicht in geraden Linien, sondern in Kurven, Umwegen und manchmal sogar in kleinen Rückschritten.

TIPP 49: DIE PERSPEKTIVE ÄNDERN

Vielleicht kennst du das: Du startest eine Diät, ziehst sie zwei Wochen durch, dann kommt das Leben dazwischen – und plötzlich ist alles wieder beim Alten. Warum? Weil du die Veränderung als Ausnahmezustand, aber nicht als Teil deines Alltags gesehen hast. Wer dauerhaft abnehmen will, muss die Perspektive wechseln. Weg vom Diätdenken – hin zu einem neuen Lebensstil, der nicht nach drei Wochen endet, sondern sich Stück für Stück in dein Leben integriert.

Von kurzfristigen Zielen zu langfristigen Veränderungen

Es geht nicht darum, in kürzester Zeit möglichst viel Gewicht zu verlieren. Es geht darum, dauerhaft gesünder zu leben – und das ganz automatisch. Keine strenge Diät, bei der du Kalorien zählst und auf alles verzichtest. Sondern ein neues Gefühl für deinen Körper, für deine Bedürfnisse, für dein Essverhalten. Statt des schnellen Erfolgs zählt die nachhaltige Veränderung.

Von der Selbstkritik zur Selbstakzeptanz

Wenn du deine Einstellung änderst, hörst du auf, dich ständig selbst zu bewerten. Nicht jeder Tag muss perfekt sein. Du darfst dir Zeit lassen. Du darfst lernen, dich in jedem Stadium deines Weges zu akzeptieren – mit deinen Stärken und mit deinen Herausforderungen. Fortschritt bedeutet nicht, dass du dich selbst kritisierst, sondern dass du dir selbst erlaubst zu wachsen.

Von Einschränkungen zu Möglichkeiten

Diäten fühlen sich oft an wie ein Verbot nach dem anderen. Doch was, wenn du beginnst, all die neuen Möglichkeiten zu sehen? Neue Lebensmittel, neue Gewohnheiten, neue Bewegungsformen, die dir guttun. Du musst nicht auf Genuss verzichten – du entdeckst einfach eine neue Art, ihn zu erleben. Nicht der Verzicht, sondern die Vielfalt steht im Vordergrund. Und plötzlich wird Veränderung nicht zur Last – vielmehr zur Bereicherung.

Von kurzfristigen Erfolgen zu kontinuierlichem Fortschritt

Ja, schnelle Ergebnisse motivieren – aber sie halten selten an. Was dich wirklich weiterbringt, ist Kontinuität. Kleine Schritte, die du durchhältst. Kleine Routinen, die du Tag für Tag wiederholst. Denn genau darin liegt die wahre Veränderung: in der Summe deiner täglichen Entscheidungen. Wenn du dranbleibst, wirst du am Ende mehr erreichen, als du anfangs für möglich gehalten hast.

Von Herausforderungen zu Chancen

Jeder Rückschlag, jedes Tief ist auch eine Chance, besser zu werden. Es sind genau diese Momente, in denen du lernst, neue Wege zu gehen. Du wächst, wenn du mit Widerständen umgehen kannst. Nicht trotz der Herausforderungen, sondern genau wegen ihnen wirst du stärker. Diese Haltung macht dich flexibel und anpassungsfähig – und genau das brauchst du für einen gesunden Lebensstil.

Von äusserem Druck zu innerer Motivation

Es bringt wenig, wenn du nur abnimmst, weil andere es von dir erwarten. Du brauchst einen Grund, der aus dir selbst kommt. Etwas, das dich antreibt. Vielleicht willst du gesünder werden, mehr Energie haben, dich in deiner Haut wieder wohlfühlen. Wenn deine Motivation von innen kommt, wirst du viel konsequenter dranbleiben. Du tust es dann nicht für andere – du tust es für dich.

Von vorübergehenden Massnahmen zu einem integralen Lebensstil

Abnehmen ist kein Projekt mit Anfang und Ende. Es ist ein Prozess. Und wenn du dich dafür entscheidest, diesen Weg zu gehen, dann darf er zu einem festen Bestandteil deines Lebens werden. Bewegung, Ernährung, Erholung, Selbstfürsorge – all das gehört dazu. Du entwickelst ein neues Bewusstsein für deinen Alltag. Und genau das macht den Unterschied: Die Veränderung wird zur neuen Normalität.

Bedenke immer: Sobald du beginnst, deinen Lebensstil mit Freude, Neugier und Gelassenheit zu verändern, wird alles leichter. Du brauchst keine perfekte Diät, sondern eine Perspektive, in der du dich entfaltest, nicht einschränkst. Abnehmen ist kein Kurztrip. Es ist die Reise deines Lebens und du gehst in deinem Tempo – aber du gehst, Tag für Tag.

TIPP 50: MOTIVATIONS-COLLAGE ERSTELLEN

Spätestens seit Tipp 43 weißt du, wie wichtig Visualisierung für deinen Abnehmerfolg ist. Und wenn du bereits deine Gründe aufgeschrieben (Tipp 44) und deine Vorbilder identifiziert hast (Tipp 47), dann wird es Zeit, all das in einem ganz persönlichen Kraftwerk zusammenzubringen: deiner Motivations-Collage.

Diese Collage ist nicht einfach ein nettes Bastelprojekt – sie kann zu deinem täglichen Anker werden. Eine stetige Erinnerung an dein Ziel, deine Träume und deine eigene Stärke. Sie hilft dir, fokussiert zu bleiben, auch wenn der Alltag mal wieder alles von dir fordert.

Visuelle Erinnerung an deine Ziele

Deine Collage hält dir jeden Tag vor Augen, was du wirklich willst. Bilder, Zitate, Symbole – was auch immer für dich Bedeutung hat, kommt darauf. Vielleicht ein früheres Foto von dir, das du wieder als Ziel vor Augen hast. Oder ein Ausschnitt aus einem Magazin, der deinen Wunschkörper zeigt. Wichtig ist: Sie muss für dich sprechen. Häng sie gut sichtbar auf – an den Kühlschrank, deinen Kleiderschrank oder deinen Spiegel im Bad. Dort erinnert sie dich täglich daran, wofür du das alles tust.

Dein Ziel wird konkret, greifbar – und vor allem dauerhaft präsent.

Deine Vision von Erfolg sichtbar machen

Wenn du dir deine Zukunft bildlich vorstellen kannst, wird sie realer. In deiner Collage darfst du träumen – aber mit einem ganz konkreten Ziel. Gesunde Mahlzeiten, ein aktives Leben, dein künftiges Ich – all das kann Teil deiner Collage sein. Je klarer deine Vorstellung, desto stärker wird deine Motivation.

So baust du eine emotionale Bindung zu deinem Ziel auf. Und genau diese Emotionen sind es, die dich an schlechten Tagen wieder auf Kurs bringen.

Eine Quelle der Selbstmotivation

Deine Collage ist nur für dich gemacht. Keine fremde Meinung, keine gesellschaftlichen Standards – nur du, dein Warum und dein Wohin. Das macht sie so mächtig. In schwachen Momenten reicht oft ein Blick, um dich daran zu erinnern, warum du angefangen hast und warum du nicht aufhören solltest.

Ein Werkzeug zur Fortschrittskontrolle

Deine Collage ist nicht statisch. Du darfst sie ändern, ergänzen, aktualisieren – genauso wie sich dein Weg und deine Ziele verändern dürfen. Vielleicht war dein Ziel zu Beginn das reine Abnehmen. Doch mit der Zeit möchtest du möglicherweise auch Muskeln aufbauen oder über die Veränderung deiner Körperhaltung deine Ausstrahlung verbessern. Erweitere deine Collage und halte deinen Fortschritt fest. Markiere Meilensteine, hänge neue Bilder dazu oder schreibe motivierende Sätze auf, die dir unterwegs begegnen.

Mehr Engagement durch bewusste Gestaltung

Die Erstellung deiner Collage ist ein Statement an dich selbst. Du setzt dich mit deinen Zielen auseinander, formulierst deine Wünsche und machst sie sichtbar. Allein dieser Prozess schärft deinen Fokus und verstärkt deine innere Verpflichtung, weiterhin dranzubleiben. Du nimmst dich selbst ernst – und das solltest du auch.

Eine positive Einstellung verstärken

Deine Collage wird dich zum Lächeln bringen – zumindest öfter als dein Spiegel an einem schlechten Tag. Sie ist dein persönlicher Motivations-Booster. Jeder Satz, jedes Bild erinnert dich daran: Du kannst das schaffen. Und du wirst es schaffen.

Spass und Kreativität dürfen nicht fehlen

Vielleicht hast du schon lange keine Schere und keinen Klebestift mehr in der Hand gehabt. Umso schöner, dir genau dafür mal wieder Zeit zu nehmen. Du darfst kreativ sein, Farbe bekennen, Dinge ausprobieren. Dieser schöpferische Prozess macht deine Ziele lebendiger. Und wenn du magst: Schick mir dein Ergebnis! Auf Instagram, per E-Mail, in deiner Story – ich freue mich riesig, dich auf deinem Weg zu begleiten.

Sei sicher: Deine Collage erinnert dich daran, wer du bist und wer du sein willst. Und sie macht den Weg dahin ein bisschen bunter, klarer und freudvoller. Also: Hol dir Zeitschriften, druck dir Bilder aus – und fang an. Es lohnt sich.

TIPP 51: FORTSCHRITTE REGELMÄSSIG ÜBERPRÜFEN

Abnehmen ist ein Prozess – und dieser Prozess braucht Kontrolle. Nicht im negativen Sinne, sondern als ehrliches Feedback-System. Es ist wie in der Schule: Ohne Klassenarbeiten hätte man nie gewusst, ob das Gelernte wirklich sitzt. Auch beim Abnehmen brauchst du solche Check-ins, um zu sehen, ob dein Plan greift.

Du musst nicht jeden Tag auf die Waage springen, aber ein regelmäßiger Überblick über Gewicht, Maße, Fotos oder auch dein Energielevel ist extrem hilfreich, um motiviert zu bleiben und bei Bedarf nachzujustieren.

Motivation durch sichtbaren Fortschritt

Wenn du Fortschritte siehst, ist das die beste Bestätigung, dass du auf dem richtigen Weg bist. Gerade in Momenten der Zweifel kann ein Blick auf deine Entwicklung neue Kraft geben. Selbst wenn es nur ein paar Gramm sind, die du verloren hast – sie zählen. Denn sie zeigen dir: Dein Einsatz wirkt.

Probleme frühzeitig erkennen

Nicht jede Veränderung ist sofort sichtbar – und nicht jede Entwicklung ist erwünscht. Wenn du regelmäßig misst, wie dein Körper sich verändert, kannst du rechtzeitig reagieren. Stagnation, unerklärliche Gewichtszunahmen oder ein Energieabfall? All das kann wichtige Hinweise liefern, dass du deinen Plan anpassen solltest. Vielleicht isst du zu wenig, bewegst dich zu wenig oder brauchst einfach mal eine Pause.

Regelmäßige Überprüfung bedeutet die Möglichkeit zur Verbesserung. Du erkennst, was funktioniert – und was nicht. Du kannst deine Strategie optimieren und lernst dich dabei selbst immer besser kennen. Dieses „Learning by doing" ist Gold wert, denn dein Körper gibt dir ehrliches Feedback. Du musst nur zuhören – oder eben hinsehen.

Ziele besser steuern

Wie nah bist du deinem Ziel? Wie realistisch ist es? Brauchst du länger als gedacht? Oder läuft alles wie geplant? Die Antworten auf diese Fragen bekommst du nur, wenn du deine Entwicklung im Blick hast. Ziele dürfen sich ändern – sie müssen aber auch konkret überprüfbar bleiben. Denn nur so weißt du, ob du auf dem richtigen Weg bist.

Mehr Disziplin durch Verantwortung

Wenn du deinen Fortschritt regelmäßig festhältst, übernimmst du Verantwortung. Du kontrollierst deinen Prozess, entwickelst Disziplin und bleibst dir selbst gegenüber ehrlich. Es ist dein Projekt. Und wenn du es ernst nimmst, wirst du es auch schaffen.

Langfristig flexibel bleiben

Vielleicht läuft's nicht jeden Monat gleich. Vielleicht brauchst du irgendwann weniger Kalorien. Vielleicht verändert sich dein Alltag oder deine Trainingsroutine. Wer regelmäßig misst und überprüft, kann flexibel reagieren. Und genau diese Flexibilität ist notwendig für langfristigen Erfolg.

Auch deine Gesundheit profitiert

Nicht nur Gewicht und Maße zählen. Auch dein allgemeines Wohlbefinden, deine Schlafqualität, dein Energielevel oder deine Blutwerte gehören dazu. Ein jährliches Blutbild kann dir zusätzlich zeigen, ob dein Körper gut versorgt ist oder ob Mängel bestehen. Deine Fortschritte zu dokumentieren heißt auch, deine Gesundheit in den Mittelpunkt zu stellen.

TIPP 52: SICH MIT UNTERSTÜTZENDEN MENSCHEN UMGEBEN

Dein soziales Umfeld hat einen enormen Einfluss auf deine Verhaltensmuster, deine Motivation und deinen gesamten Abnehmprozess. Du bist nicht allein auf dieser Reise – und solltest es auch nicht sein. Menschen, die dich unterstützen, dich verstehen und dir Mut machen, können einen entscheidenden Unterschied machen. Sie geben dir Rückhalt, wenn du ins Wanken gerätst, und feiern deine Erfolge mit dir.

Motivation und Engagement stärken

Ein paar positive Worte, ein ehrliches Lob oder auch nur ein aufmunternder Blick können wahre Wunder bewirken. Wenn du Menschen an deiner Seite hast, die an dich glauben und dich auf deinem Weg bestärken, gehst du mit ganz anderem Antrieb an dein Ziel heran. Deine Motivation steigt, dein Engagement wächst, und selbst schwierige Tage verlieren ihren Schrecken.

Besonders kraftvoll wird es, wenn du deine Ziele mit anderen teilst – zum Beispiel mit Freunden, deiner Familie oder Gleichgesinnten aus einer Community. Ihr könnt euch gegenseitig motivieren, Erfahrungen austauschen und euch gemeinsam über Fortschritte freuen. Falls du aktuell niemanden in deinem direkten Umfeld hast, der dich unterstützen kann oder möchte, ist es sinnvoll, dir gezielt Begleitung zu holen – etwa durch ein Coaching oder eine Online-Gruppe. So bleibst du nicht allein mit deinen Herausforderungen und Fragen.

Verantwortung und Disziplin fördern

Wenn du anderen von deinem Vorhaben erzählst, gehst du eine Art psychologische Verpflichtung ein. Du möchtest dein Wort halten, zeigen, dass du es ernst meinst – und das sorgt für ein natürliches Maß an Disziplin. Regelmäßige Check-ins mit einem Coach oder Updates an deine Mitstreiter und Unterstützer machen es einfacher, am Ball zu bleiben. Du willst nicht enttäuschen – weder andere noch dich selbst.

Gleichzeitig wächst dein Verantwortungsgefühl. Du wirst dir deiner Ziele noch bewusster und beginnst, dein Verhalten gezielter zu steuern. Die bloße Tatsache, dass jemand mit dir mitfiebert, kann ausreichen, um dich in Bewegung zu bringen – auch an Tagen, an denen du am liebsten alles hinschmeißen würdest.

Positive Vorbilder wirken inspirierend

Menschen in deinem Umfeld können dich direkt beeinflussen – im Guten wie im Schlechten. Wenn du dich mit Personen umgibst, die bereits gesunde Routinen etabliert haben, färbt das auf dich ab. Sie zeigen dir, dass ein aktiver Lebensstil, bewusste Ernährung und positives Denken möglich sind – ganz ohne Verbote oder Verzicht. Vielleicht inspirieren sie dich sogar zu neuen Gewohnheiten oder helfen dir, alte Denkweisen über Bord zu werfen.

Gerade in sozialen Medien kannst du dir gezielt solche Vorbilder ins Leben holen. Ob bei mir auf Instagram oder bei anderen Fitnesscoaches – tägliche Impulse wie Reminder fürs Trinken, Bewegung, gesunde Snacks oder Workouts können dich immer wieder positiv anstupsen. Wichtig ist nur: Folge den Menschen, die dir wirklich guttun. Und mute dir kein Umfeld zu, das dich kleinredet oder dich immer wieder auf deinen „alten Weg" zurückziehen will.

Emotionale Unterstützung in schweren Momenten

Es gibt sie – diese Tage, an denen du zweifelst. An dir. An deinem Weg. An deinem Ziel. Genau dann brauchst du jemanden, der dich auffängt. Jemanden, der zuhört, dich versteht und dir hilft, deine Krone wieder aufzusetzen, wenn du hingefallen bist. In uns allen steckt doch eine kleine Prinzessin. Vielleicht ist es ein Trainingspartner, vielleicht deine beste Freundin oder ein Familienmitglied. Vielleicht auch ein Coach oder ein Gleichgesinnter aus der Community. Hauptsache: Jemand ist da.

Diese emotionale Stütze ist unbezahlbar. Sie macht aus Rückschlägen Herausforderungen. Aus Zweifeln neue Motivation. Und aus Frust neue Perspektiven. Lass dir helfen – du musst diesen Weg nicht allein gehen.

Wissen und Ressourcen erweitern

Oft sind es andere Menschen, die uns die besten Tipps geben. Weil sie den Weg schon gegangen sind. Weil sie wissen, wo die Stolperfallen lauern. Oder weil sie uns Tools, Rezepte oder Routinen zeigen, die uns selbst nicht eingefallen wären.

Vielleicht weiß jemand in deinem Umfeld, wie man gesunde Mahlzeiten schneller zubereitet. Vielleicht kennt dein Coach ein Training, das besser zu dir passt. Oder du tauschst dich in einer Gruppe über Erfahrungen aus – egal ob online oder offline. Das spart nicht nur Zeit, sondern bringt dich schneller und sicherer ans Ziel.

Gemeinsam Erfolge feiern

Nichts motiviert mehr als ein geteilter Erfolg. Wenn du ein Zwischenziel erreichst – sei es fünf Kilo weniger, eine neue Bestzeit beim Joggen oder einfach der erste zuckerfreie Monat –, dann freu dich laut. Und freu dich gemeinsam. Diese kleinen Feiern stärken dein Selbstbewusstsein, deine Motivation und deine Bindung zu den Menschen, die dich begleiten.

Und keine Sorge: „Feiern“ heißt nicht, mit Prosecco alles wieder zunichtezumachen. Ein lieber Anruf, ein gemeinsamer Spaziergang, ein gesundes Abendessen oder einfach ein virtuelles High-Five reichen völlig aus.

Ein positives Umfeld bewusst gestalten

Du darfst entscheiden, wer dich begleitet. Und du darfst auch entscheiden, wer nicht mehr Teil deines Weges ist – zumindest nicht in dieser Phase. Negative Einflüsse, ständiges Zweifeln oder destruktive Kommentare können deinen Fortschritt blockieren. Verbringe deine Zeit deshalb lieber mit Menschen, die dich aufbauen. Die dich ernst nehmen. Und die dich so unterstützen, wie du es brauchst.

Kurz gesagt: Menschen, die dich motivieren, inspirieren und stärken, sind ein unbezahlbarer Teil deines Abnehmprozesses. Sie fördern dein Engagement, steigern deine Disziplin, begleiten dich durch Rückschläge und feiern deine Erfolge mit dir. Durch sie wächst du – körperlich und mental. Und durch sie wird aus einem persönlichen Ziel ein gemeinsamer Weg.

Umgib dich also mit Menschen, die dich sehen, wie du sein möchtest. Und nicht mit denen, die dich kleinhalten wollen. Du verdienst Unterstützung. Und du darfst sie dir holen.

TIPP 53: SICH AN FRÜHERE ERFOLGE ERINNERN

Dich an vergangene Erfolge zu erinnern, kann ein kraftvoller Motivationsanker sein. Diese Rückblicke zeigen dir, dass du bereits in der Lage warst, Hürden zu überwinden – und stärken dich, wenn der Weg einmal beschwerlich wird. Sie erinnern dich daran, warum du begonnen hast und was du bereits geschafft hast.

Du findest in deiner Vergangenheit keinen einzigen Erfolg, auch wenn er noch so klein erscheinen mag? Wir dürfen stolz auf uns und auf das sein, was wir geschafft und geschaffen haben. Solltest du dennoch keinen Erfolg greifen können, kannst du natürlich zu Tipp 54 springen.

Motivation durch Rückblick

Motivation ist ein wiederkehrendes Thema, weil sie der wichtigste Schlüssel zum Durchhalten ist. Wobei: Wenn sie irgendwann durch Disziplin und eine neue Normalität, einen neuen Lifestyle, abgelöst wird, dann brauchst du keine Motivation mehr, um gesund und fit zu bleiben.

Die meisten geben nicht auf, weil es zu schwer ist, sondern weil sie den Glauben an sich verlieren. Erinnerungen an vergangene Erfolge wirken wie ein Leuchtfeuer in stürmischen Zeiten. Du siehst: Ich *kann* das – ich *habe* es bereits geschafft.

Gerade in Phasen, in denen sich gefühlt nichts bewegt, kannst du dich an Zeiten erinnern, in denen du Fortschritte gemacht hast. Ob es drei verlorene Kilo waren, ein Monat ohne Süßigkeiten oder zehn durchgezogene Workouts – jeder einzelne Erfolg zählt.

Lernen, was funktioniert hat

Erfolge sind nicht nur motivierend, sie sind auch lehrreich. Überlege: Was genau hast du damals anders gemacht? Welche Gewohnheiten hast du umgesetzt? Was hat dir geholfen, am Ball zu bleiben?

Vielleicht war es ein bestimmtes Morgenritual, eine Sportart, die dir Freude gemacht hat, oder eine Person, die dich unterstützt hat. Diese Erfolgsfaktoren kannst du wieder aufgreifen und erneut in deinen Alltag integrieren – angepasst an deine heutige Situation.

Stärkung der positiven Haltung

Wer an schöne, starke Momente denkt, wird automatisch positiver gestimmt. Dein Blick richtet sich nach vorn – nicht auf das, was (vermeintlich) nicht funktioniert. Das hat auch Auswirkungen auf dein Selbstbild: Du fühlst dich fähiger, stärker, kompetenter.

Gerade wenn du mal einen Durchhänger hast, kann dieser bewusste Rückblick ein echter Stimmungsbooster sein. Positivität bringt dich weiter – Selbstkritik dagegen bremst.

Engagement fördern

Wenn du erkennst, dass du schon einmal Erfolg hattest, ist die Hürde, weiterzumachen, nicht mehr ganz so hoch. Du weißt: Es lohnt sich. Es ist machbar. Und du bist jemand, der Dinge durchziehen kann. Das stärkt nicht nur dein Selbstvertrauen, sondern auch dein Engagement für neue Vorhaben.

Widerstandskraft stärken

Erinnerungen an eigene Erfolge machen dich mental widerstandsfähiger. Denn sie zeigen dir: Du bist schon einmal aufgestanden, als du gefallen bist. Du hast es durchgezogen, obwohl du zweifeltest. Diese Erkenntnis macht dich innerlich stark – und genau das brauchst du, wenn mal wieder ein Rückschlag kommt.

Sei dein eigenes Vorbild

Du brauchst kein Idol von außen, um dich inspiriert zu fühlen. Nicht unbedingt, denn du selbst kannst dein Vorbild sein. Deine eigenen Fortschritte sind Beweis genug, dass du wachsen kannst. Schau auf alte Fotos, Tagebucheinträge oder Trainingsaufzeichnungen – all das dokumentiert deinen Weg.

Wenn du dir unsicher bist, wie du daran anknüpfen kannst: Hol dir Unterstützung, lass dich coachen oder sprich mit Gleichgesinnten. Du musst nicht alles allein schaffen.

Erfolge feiern – auch im Rückblick

Schau nicht nur auf das, was noch fehlt – würdige das, was du bereits erreicht hast. Rückblickend deine Erfolge zu feiern, gibt dir ein gutes Gefühl. Und dieses gute Gefühl ist wieder ein Antrieb für den nächsten Schritt.

Feiere deine bisherigen Fortschritte so, wie du künftige feiern wirst. Denn Erfolg beginnt immer im Kopf – und der Weg ist genauso wichtig wie das Ziel.

TIPP 54: FLEXIBEL UMPLANEN

Stell dir vor, du fährst auf einer Landstraße und plötzlich ist die Straße gesperrt. Was machst du? Kehrst du um und fährst wieder nach Hause? Oder suchst du dir eine neue Route? Genauso ist es mit dem Abnehmen: Es kann sein, dass dein ursprünglicher Plan nicht funktioniert. Aber das heißt nicht, dass du dein Ziel nicht erreichen kannst – du brauchst nur eine neue Route.

Flexibilität ist deshalb ein bedeutender Faktor für langfristigen Erfolg. Denn kein Weg verläuft schnurgerade, und wer sich nicht anpassen kann, bleibt schnell stecken.

Anpassung an den Alltag

Das Leben läuft nicht immer nach Plan. Manchmal fällt ein Training aus, das Kind wird krank, der Tag im Büro geht länger oder du wirst spontan zum Grillabend eingeladen. Wenn du starr an einem System festhältst, kann dich das stressen und demotivieren. Besser ist es, dich der Situation anzupassen – flexibel und lösungsorientiert.

Wenn du beispielsweise keine Zeit für dein Workout hast, dann schieb eine kurze Zehn-Minuten-Einheit ein oder geh eine Runde spazieren. Es muss nicht immer das perfekte Training sein – es muss nur machbar sein.

Rückschläge gehören dazu

Rückschläge passieren. Vielleicht hast du mal zugenommen, obwohl du alles „richtig" gemacht hast. Oder du konntest aus gesundheitlichen Gründen für eine gewisse Zeit nicht trainieren. Wichtig ist nicht, dass du durchgehend auf der Überholspur fährst – sondern dass du immer wieder aufstehst und weitermachst.

Flexibilität bedeutet, nicht stur an einem Plan festzuhalten, sondern ihn anzupassen, wenn es nötig ist. Vielleicht brauchst du eine andere Trainingsform, ein neues Ernährungskonzept oder schlichtweg mehr Geduld mit dir selbst.

Anpassung an neue Lebensumstände

Vielleicht verändert sich dein Job, dein Tagesablauf oder deine familiäre Situation. Wer sich in solchen Momenten anpassen kann, bleibt beweglich – im Kopf und im Handeln. Du wirst schneller Lösungen finden, statt dich über verpasste Trainings oder „ungesunde" Mahlzeiten zu ärgern.

Regelmäßige Anpassung an deine Entwicklung

Je weiter du auf deinem Abnehmweg kommst, desto mehr verändert sich auch dein Körper – und damit dein Bedarf. Dein Kalorienziel, dein Trainingsvolumen oder deine Erholungstage sollten immer wieder reflektiert und angepasst werden. Wer hier flexibel ist, kann effektiver reagieren und bleibt am Ball.

Ein Plan, der am Anfang gut funktioniert hat, ist nicht automatisch dauerhaft der richtige. Veränderung ist kein Rückschritt – sie ist ein Zeichen von Wachstum.

Langeweile und Frust vermeiden

Wer immer das Gleiche macht, landet schnell in einer Motivationsflaute. Eine flexible Herangehensweise bringt Abwechslung in deinen Alltag und erhält die Lust aufrecht. Du kannst neue Sportarten ausprobieren, neue Rezepte testen oder andere Routinen etablieren – alles ist erlaubt, was dich deinem Ziel näher bringt.

Flexibilität schützt dich auch davor, dich selbst zu verurteilen, wenn mal etwas schiefgeht. Du lernst: Es ist nicht schlimm, vom Plan abzuweichen – solange du grundsätzlich auf dem Weg bleibst.

Gesunde Balance statt Zwang

Ein zu strikter Plan kann dich überfordern und dir das Gefühl geben, ständig zu scheitern. Flexibilität hingegen erlaubt dir, deine Ziele mit deinem Leben in Einklang zu bringen. Du wirst merken: Es fühlt sich viel leichter an, wenn du nicht alles perfekt machen musst, sondern einfach weitermachst – angepasst an deine Umstände.

Neue Wege führen oft schneller zum Ziel

Manchmal braucht es nur eine kleine Kurskorrektur, um wieder Fahrt aufzunehmen. Vielleicht ist es ein neuer Trainingsplan, ein Coaching oder ein Wochenplan für deine Mahlzeiten. Vielleicht ist es aber auch eine mentale Neuausrichtung. Statt „Ich darf das nicht essen" sagst du dir: „Ich wähle bewusst, was mir guttut."

So entwickelst du aus jeder Hürde eine Lernchance und bleibst dauerhaft auf Erfolgskurs.

Und es gibt noch einen positiven Effekt: Indem du lernst, flexibel zu handeln, statt dich von einem starren Plan einschränken zu lassen, stärkst du neben dem Körper auch dein Selbstvertrauen.

TIPP 55: NEGATIVE SELBSTGESPRÄCHE UND GEDANKEN ABSTELLEN

Manchmal ist nicht das, was wir essen, unser größtes Problem – sondern das, was wir uns selbst täglich erzählen. Diese innere Stimme, die dich zweifeln lässt, dich kritisiert oder dich klein macht, kann der wohl größte Saboteur auf deinem Abnehmweg sein. Doch sie ist nicht real – sie entsteht nur in deinem Kopf. Das Gute daran ist: Du kannst sie umprogrammieren.

Negative Gedanken wie „Ich schaffe das eh nicht", „Ich war schon immer zu dick" oder „Ich habe kein Durchhaltevermögen" blockieren nicht nur deinen Fortschritt – sie nehmen dir die Freude an der Veränderung. Deshalb ist es so wichtig, diese Gedankenmuster zu erkennen und abzustellen.

Schluss mit Sabotage im Kopf

Diese inneren Dialoge klingen vielleicht harmlos, aber sie sind mächtig. Sie beeinflussen deine Handlungen, deine Entscheidungen und letztlich deinen Erfolg. Wenn du dir selbst immer wieder einredest, dass du es nicht kannst, glaubst du irgendwann daran – und verhältst dich entsprechend.

Du lässt Trainingseinheiten ausfallen, greifst aus Frust zur Schokolade oder gibst deine Pläne ganz auf. Und wofür? Wegen Gedanken, die nicht mal wahr sind.

Verändere dein Selbstbild

Stell dir vor, du würdest mit einem Kind so sprechen wie manchmal mit dir selbst: „Du bist faul", „Du wirst das eh nicht schaffen", „Du hast schon wieder versagt". Unvorstellbar, oder? Also hör auf, mit dir so umzugehen. Du verdienst Respekt – auch von dir selbst.

Positive Selbstgespräche sind kein esoterischer Hokuspokus. Sie helfen dir, dein Selbstbild zu stärken, motivierter zu bleiben und deinen Weg mit mehr Leichtigkeit zu gehen.

Stress runter, Selbstvertrauen rauf

Negative Gedanken erhöhen deinen Stresslevel, setzen deinen Körper unter Druck und machen es schwerer, gute Entscheidungen zu treffen. Positives Denken wirkt dagegen wie ein mentales Pflaster. Es reduziert Stress, stärkt dein Immunsystem und gibt dir neue Energie.

Schon ein kleines Umdenken kann Großes bewirken. Statt „Ich habe wieder gesündigt“ sag dir lieber: „Morgen starte ich wieder durch.“ Statt dir „Ich bin zu schwach“ einzureden, erinnere dich lieber: „Ich bin auf dem Weg – und jeder Tag zählt.“

Raus aus der Gedankenspirale

Negative Gedanken halten sich gerne hartnäckig. Aber du kannst sie durchbrechen. Ersetze jedes negative Statement durch ein positives. Sag nicht „Ich bin nicht gut genug“, sondern: „Ich bin auf dem Weg, besser zu werden.“ Wiederhole es – auch wenn du es am Anfang nicht glaubst. Dein Gehirn lernt mit der Zeit, alte Muster umzudenken.

Wenn du magst, arbeite mit Affirmationen. Das sind kurze positive Sätze, die du dir täglich vorsagst. Zum Beispiel: „Ich bin stark und diszipliniert.“ Oder: „Ich gehe in meinem Tempo – und das ist okay.“

Fehler gehören dazu

Keiner ist perfekt. Du wirst Rückschläge erleben. Du wirst Tage haben, an denen du zweifelst. Aber das heißt nicht, dass du gescheitert bist. Es heißt nur, dass du menschlich bist. Und jeder Schritt, den du trotzdem weitergehst, zählt doppelt.

Je früher du lernst, mitfühlend mit dir selbst umzugehen, desto einfacher wird deine Reise. Sei dein eigener größter Fan, nicht dein schlimmster Kritiker.

Gedanken ändern Verhalten

Gedanken erzeugen Emotionen – und diese bestimmen unser Verhalten. Wenn du dich selbst immer wieder schlecht machst, wird sich dein Handeln daran orientieren. Wenn du dir hingegen Mut zusprichst, wirst du kraftvoller auftreten, dich besser ernähren und mit mehr Energie trainieren.

Deine Gedanken sind also mehr als nur Worte im Kopf. Sie sind der Ursprung deines Erfolgs – oder eben deiner Blockade.

Stärke deine mentale Widerstandskraft

Es geht nicht darum, immer gut drauf zu sein. Es geht darum, in schwierigen Phasen mental stabil zu bleiben. Wer gelernt hat, seine Gedanken zu lenken, ist besser gewappnet für Herausforderungen. Du wirst schneller wieder aufstehen, Rückschläge als Lernprozess sehen und mit mehr Gelassenheit durch Höhen und Tiefen gehen.

Indem du lernst, dich selbst freundlich, stärkend und positiv zu begleiten, baust du ein Fundament für langfristigen Erfolg. Du wirst dich besser fühlen, besser handeln – und deine Ziele mit mehr Leichtigkeit erreichen. Du bist dann nicht mehr dein schlimmster Kritiker – du wirst dein stärkster Verbündeter.

TIPP 56: ZEIT FÜR DICH SELBST

Grundsätzlich ist es immer wichtig, sich bewusst Zeit für sich selbst zu nehmen – ganz unabhängig davon, ob man abnehmen möchte oder nicht. Wer regelmäßig zur Ruhe kommt, reflektiert und sich selbst Gutes tut, lebt oft zufriedener und ausgeglichener. Doch gerade im Abnehmprozess, der sowohl körperlich als auch mental herausfordernd ist, kann bewusste „Me-Time" einen entscheidenden Unterschied machen.

Stressreduktion und Überforderung vermeiden

Sich selbst Zeit zu schenken, hilft dabei, inneren Druck abzubauen. In einer Welt voller Termine, To-dos und Anforderungen ist es leicht, sich selbst zu vergessen – gerade dann, wenn man zusätzlich ein Ziel wie Gewichtsverlust verfolgt. Stress kann zu emotionalem Essen, schlechter Schlafqualität und insgesamt ungesunden Verhaltensmustern führen. Regelmäßige Auszeiten hingegen fördern einen klaren Kopf, stärken das emotionale Gleichgewicht und helfen dabei, gesündere Entscheidungen zu treffen.

Emotionale Gesundheit fördern

Wer sich regelmäßig um sein seelisches Wohl kümmert, stärkt seine emotionale Resilienz. Abnehmen ist eine Reise mit Höhen und Tiefen. Es kann frustrierend sein, wenn Fortschritte ausbleiben oder Rückschläge auftreten. Wer in solchen Momenten auf ein gefestigtes mentales Fundament bauen kann, bleibt motivierter und nimmt Rückschläge nicht zu schwer. Selbstfürsorge erhöht außerdem das Selbstwertgefühl – enorm wichtig für langfristigen Erfolg.

Selbstdisziplin stärken

Sich Zeit für sich selbst zu nehmen bedeutet nicht, sich vom Ziel zu entfernen – im Gegenteil. Wer regelmäßig reflektiert, Prioritäten setzt und sich innerlich sortiert, arbeitet gezielter und strukturierter an seinen Zielen. Ein achtsamer Umgang mit der eigenen Zeit und den eigenen Ressourcen fördert Disziplin und Verbindlichkeit gegenüber sich selbst.

Die körperliche Regeneration unterstützen

Training, neue Ernährungsroutinen und ein insgesamt aktiverer Lebensstil fordern Körper und Geist. Gerade deshalb braucht es bewusste Phasen der Erholung. Me-Time heißt nicht zwingend „Nichtstun" – sie kann genauso gut aus einem Spaziergang, einem Bad oder einer Yoga-Einheit bestehen. Entscheidend ist, dass der Körper zur Ruhe kommt und sich regenerieren kann. Nur so bleiben Motivation und Energie langfristig erhalten.

Die Lebensqualität erhöhen

Wer sich selbst Raum gibt, steigert die eigene Lebensqualität. Freude, Genuss und Ausgleich sind notwendig – auch und gerade während einer Phase, in der man viel Disziplin aufbringen muss. Es geht nicht darum, sich ständig zurückzunehmen, sondern eine gesunde Balance zu finden. Wenn man sich selbst wichtig nimmt, bleibt man auch auf lange Sicht gesund und zufrieden.

Langfristige Motivation bewahren

Zeit für sich selbst zu schaffen bedeutet auch, immer wieder Kraft zu tanken. Es ist ganz normal, dass die Motivation mal nachlässt. In solchen Phasen helfen kleine Pausen, um neue Perspektiven zu gewinnen und sich innerlich neu auszurichten. Wer gut für sich sorgt, bleibt länger am Ball – mit mehr Leichtigkeit und Freude.

Ziele klar reflektieren

Eine regelmäßige Selbstreflexion hilft, Fortschritte bewusst wahrzunehmen und gegebenenfalls Anpassungen vorzunehmen. Wo stehe ich? Was hat gut funktioniert? Was kann ich verbessern? Diese Fragen lassen sich am besten beantworten, wenn man sich hin und wieder bewusst aus dem Alltag herausnimmt.

TIPP 57: ROUTINEN ENTWICKELN

Routinen sind der unsichtbare Rahmen, der unseren Alltag zusammenhält. Sie strukturieren unser Handeln, nehmen uns Entscheidungen ab und erleichtern es, gesunde Verhaltensweisen zu etablieren. Gerade im Abnehmprozess bieten sie Stabilität und Orientierung – zwei tragende Säulen für nachhaltigen Erfolg.

Konsistenz fördern

„Consistency is key" – diesen Satz hast du sicher schon öfters gehört. Und er stimmt. Wer regelmäßig handelt, schafft Veränderung. Feste Essenszeiten, feste Trainingstage oder eine feste Morgenroutine bringen Struktur in den Alltag. Sie helfen, Gewohnheiten zu verankern, und vermeiden willkürliche Entscheidungen, die oft zu ungesunden Ausnahmen führen.

Gesunde Gewohnheiten leichter umsetzen

Routinen machen gesunde Entscheidungen leichter, weil sie automatisch ablaufen. Wenn du zum Beispiel jeden Sonntag deine Mahlzeiten für die Woche planst oder jeden Morgen mit einem Glas Wasser startest, entlastest du dich im Alltag. Du musst nicht ständig neu überlegen, was zu tun ist – du tust es einfach.

Disziplin und Selbstkontrolle stärken

Struktur hilft, fokussiert zu bleiben. Wenn du klare Zeitfenster für Bewegung, Mahlzeiten oder Pausen einplanst, sinkt die Gefahr, dich ablenken zu lassen oder Ausreden zu finden. Routinen machen dich verlässlich – auch für dich selbst. Und sie geben dir das gute Gefühl, dein Leben im Griff zu haben.

Fortschritte gezielt fördern

Wer Routinen etabliert, kann Veränderungen besser messen und bewerten. Nur wenn du regelmäßig auf die Waage steigst oder deine Ernährung trackst, erkennst du, ob dein Plan funktioniert. Routinen erleichtern die Dokumentation von Fortschritten und geben dir die Möglichkeit, schnell und gezielt Anpassungen vorzunehmen.

Entscheidungsstress reduzieren

Weniger Grübeln, mehr Umsetzen. Wer klare Abläufe hat, muss nicht ständig Entscheidungen treffen. Das spart Energie und schützt vor Fehlgriffen. Gerade bei der Ernährung ist es oft das „Zuviel an Auswahl", das uns in Versuchung führt. Routinen nehmen uns diesen Druck.

Langfristige Nachhaltigkeit fördern

Was regelmäßig gemacht wird, wird zur Gewohnheit. Und was zur Gewohnheit wird, bleibt langfristig bestehen, es gehört irgendwann einfach dazu. Ja, einfach. Wenn du einmal Routinen etabliert hast, brauchst du keine Willenskraft mehr, um gesunde Entscheidungen zu treffen – sie geschehen ganz automatisch.

Lebensqualität steigern

Klingt vielleicht widersprüchlich, aber Struktur bringt Freiheit. Wer weiß, wann was passiert, hat mehr Raum für Spontanität. Routinen reduzieren Chaos, schaffen Ruhe und geben Sicherheit. Ein strukturierter Alltag schenkt mehr Energie und macht das Leben leichter.

Verhaltensänderungen ermöglichen

Verhalten und der eigene Charakter lassen sich nicht von heute auf morgen ändern. Aber durch Routinen werden neue Verhaltensweisen zur Selbstverständlichkeit. Egal ob temperamentvoller Sturkopf oder zurückhaltender Bücherwurm. Durch Wiederholung und Beständigkeit entwickelst auch du ein neues Normal – eins, das zu deinem Wunschgewicht und deinem Wohlbefinden passt.

TIPP 58: AKZEPTIEREN, DASS ABNEHMEN ZEIT BRAUCHT

Abnehmen ist ein Prozess, der Geduld und Ausdauer erfordert. „Schnell, schnell“ ist häufig mit weniger Qualität und mehr Pfusch verbunden. Die Akzeptanz der zeitlichen Dimension schützt dich davor, auf kurzfristige Diäten oder extreme Methoden zurückzugreifen, die langfristig nicht funktionieren und oft ungesund sind.

Das Verständnis, dass der Abnehmprozess Zeit in Anspruch nimmt, ist entscheidend für den langfristigen Erfolg. Nicht nur während des Abnehmens – auch danach sollten einige der neu gewonnenen und erarbeiteten positiven Routinen beibehalten werden, um dein Wunschgewicht langfristig zu halten. Natürlich sind gewisse Lockerungen möglich, denn wenn du nicht weiter abnehmen möchtest, musst du auch kein Kaloriendefizit mehr einhalten. Trotzdem sollte ein gesunder Lebensstil mit ausgewogener Ernährung und regelmäßiger Bewegung zu deinem Alltag gehören, damit du dich in deiner Haut wohlfühlst und langfristig gesund bleibst.

Förderung eines gesunden Ansatzes

Wenn du verstehst, dass Gewichtsverlust ein langsamer Prozess ist, konzentrierst du dich auf nachhaltige Fortschritte, die sich über Wochen und Monate hinweg zeigen. Dieser langfristige Ansatz unterstützt eine gesunde Lebensweise und ermöglicht, Verhaltensänderungen Schritt für Schritt umzusetzen.

Integriere eine neue Routine erfolgreich und kümmere dich erst dann um die nächste. So garantierst du wirklichen Fokus und nachhaltige Erfolge. Eine geduldige Herangehensweise hilft dir, Routinen aufzubauen, die du auch nach dem Erreichen deines Ziels beibehalten kannst.

Reduzierung von Stress und Frustration

Das Wissen, dass Abnehmen Zeit braucht, senkt den Druck und damit auch den Stresspegel. Du lernst, kleine Fortschritte zu würdigen, anstatt dich über vermeintlich langsame Entwicklungen zu ärgern. Geduld verringert die Frustration, die durch überhöhte Erwartungen entstehen kann. Das macht deine Abnehmreise entspannter und deutlich gesünder.

Vermeidung von Rückschlägen

Wer zu schnell zu viel will, riskiert Rückschläge. Mit Geduld erkennst du, dass nicht jeder Tag gleich läuft und dass Schwankungen normal sind. Du verstehst, Rückschläge als Teil des Prozesses zu akzeptieren und daraus zu lernen, statt frustriert aufzugeben oder zu ungesunden Methoden zu greifen. Ein gefestigtes Mindset schützt dich vor gefährlichen Schnelllösungen wie Crash-Diäten oder sogar chirurgischen Eingriffen.

Stärkung der Disziplin und Ausdauer

Die Erkenntnis, dass Veränderungen Zeit brauchen, fördert deine Ausdauer. Statt dich vom Zielbild blenden zu lassen, entwickelst du eine starke Disziplin, die auf Konsistenz und kontinuierlicher Verbesserung basiert. So gehst du deinen Weg Schritt für Schritt und bleibst langfristig erfolgreich.

Förderung eines positiven Selbstbildes

Mit der Akzeptanz der zeitlichen Komponente entwickelst du ein gesünderes Selbstbild. Du erkennst, dass du nicht perfekt sein musst und dass es okay ist, wenn es mal nicht so läuft. Dadurch baust du Selbstakzeptanz auf und lernst, dich für deine Mühe und deinen Fortschritt zu schätzen – unabhängig von der Geschwindigkeit.

Langfristige Gesundheitsvorteile

Ein langsamer Gewichtsverlust reduziert das Risiko von Jojo-Effekten. Statt ständig Gewicht zu verlieren und wieder zuzunehmen, etablierst du gesunde Gewohnheiten, die nachhaltig wirken. Deine gesamte körperliche und mentale Gesundheit profitiert – du wirst fitter, stabiler und ausgeglichener.

TIPP 59: NICHT ZU HÄUFIG AUF DIE WAAGE STEIGEN

Klar, beim Abnehmen geht es ums Gewicht – doch zu häufiges Wiegen kann kontraproduktiv und demotivierend sein. Es kann den Fokus auf kurzfristige Ergebnisse lenken, während der eigentliche Fortschritt oft durch andere, weniger sichtbare Indikatoren bestimmt wird. Lass mich dir deshalb zeigen, warum es sinnvoll ist, dem täglichen Wiegen nicht zu viel Bedeutung beizumessen oder es sogar zu vermeiden – und wie ein gesünderer Umgang mit der Waage deinen Abnehmprozess positiv beeinflussen wird.

Gewichtsschwankungen sind normal

Es ist wichtig zu verstehen, dass das Körpergewicht natürlichen Schwankungen unterliegt, die nichts mit Fettverlust oder -zunahme zu tun haben. Der Körper speichert Wasser aus verschiedenen Gründen, wie zum Beispiel hormonellen Veränderungen, dem Konsum von salzhaltigen Lebensmitteln, einem Tag mit mehr Kohlenhydraten als gewöhnlich oder nach intensiven Workouts. Diese kurzfristigen Wassereinlagerungen können das Gewicht problemlos um zwei bis drei Kilogramm variieren lassen – und zwar von einem Tag auf den nächsten.

Was und wann wir essen beeinflusst ebenfalls unser kurzfristiges Gewicht. Wenn der Magen noch voll ist oder die Verdauung verzögert arbeitet, kann das Gewicht höher ausfallen, ohne dass sich am Fettanteil etwas verändert hat. Solche Schwankungen können leicht zu falschen Schlüssen führen und Frustration verursachen, wenn man sich zu oft wiegt und den Erfolg ausschließlich von dieser Zahl abhängig macht.

Zu häufiges Wiegen kann die Motivation beeinträchtigen

Wenn du dich täglich oder gar mehrmals täglich wiegst, können die natürlichen Schwankungen des Gewichts zu einem Motivationsverlust führen. Die Gefahr besteht, dass du dich zu stark auf diese eine Zahl konzentrierst und andere wichtige Erfolge wie eine bessere Fitness, neue Routinen oder ein verbessertes Körpergefühl außer Acht lässt.

Wenn die Waage ein höheres Gewicht anzeigt als erhofft, obwohl du alles richtig gemacht hast, entsteht schnell das Gefühl des Versagens, sodass du vielleicht sogar aufgibst – und das völlig ohne Grund.

Abnehmen ist mehr als nur das Gewicht

Das Körpergewicht ist nur ein Teil des gesamten Abnehmprozesses. Andere Faktoren sind mindestens genauso wichtig, wenn nicht sogar wichtiger.

Wenn du deine Ernährung bereits angepasst und deine Trainingsroutine etabliert hast, wirst du zwangsläufig Muskulatur aufbauen und gleichzeitig Fett verlieren können. Das bedeutet aber auch, dass sich das auf der Waage nicht sofort bemerkbar macht. Muskeln wiegen mehr als Fett, was zu einer scheinbaren Stagnation führen kann, obwohl sich dein Körper positiv verändert.

Deine Körperform, Haltung und dein Selbstwertgefühl verbessern sich mit jedem weiteren Fortschritt. Auch dein allgemeiner Energielevel und dein Wohlbefinden steigen – das sind alles Erfolge, die auf der Waage nicht sichtbar sind.

In meinem Coaching müssen meine Klienten zum Beispiel auch regelmäßig ihre Körpermaße nehmen. Bleibt das Gewicht gleich, die Kleidung sitzt aber lockerer, ist das trotzdem ein Erfolg. Daher: Schau nicht nur auf die Zahl, sondern auf das Gesamtbild.

Stress und Druck vermeiden

Zu häufiges Wiegen erzeugt unnötigen Stress und inneren Druck. Der dadurch erhöhte Cortisolspiegel kann wiederum den Fettabbau behindern. Es entsteht ein Teufelskreis, der den Prozess ausbremst.

Menschen, die sich häufig wiegen und enttäuscht sind, neigen außerdem eher zu extremen Diäten oder übermäßigem Sport, was langfristig zu Essstörungen oder einem Burnout führen kann. Ein gesunder Umgang mit der Waage ist daher essenziell für gesundes und erfolgreiches Abnehmen.

Positive Wiegeroutine etablieren

Statt dich täglich zu wiegen, reicht es völlig aus, einmal pro Woche auf die Waage zu steigen – und das idealerweise immer am gleichen Tag zur gleichen Uhrzeit, immer nach dem Toilettengang. Nur so lassen sich verlässliche Tendenzen erkennen. In ganz sensiblen Fällen empfehle ich sogar, das Gewicht nur als Kontrollgröße für den Coach zu nutzen, ohne dass der Klient selbst darauf achtet.

Noch besser: Beobachte deine Fortschritte zusätzlich anhand von Umfängen, Kleidungspassform, Vergleichsfotos und deinem allgemeinen Wohlbefinden. Das ergibt ein viel vollständigeres Bild deines Erfolgs.

Entwicklung eines gesunden Körperbewusstseins

Weniger Fokus auf die Waage bedeutet mehr Aufmerksamkeit für deinen Körper und seine Signale. Du lernst, positive Veränderungen besser wahrzunehmen, und entwickelst ein gesundes Verhältnis zu dir selbst. Ob deine Kleidung besser sitzt, du dich fitter fühlst oder von anderen auf deine

Veränderung angesprochen wirst – all das sind echte Fortschritte, die dein Selbstwertgefühl nachhaltig stärken.

TIPP 60: EINEN PLAN FÜR SCHWIERIGE ZEITEN ERSTELLEN

Ein Notfallplan kann dir – auf gut Deutsch gesagt – den Arsch retten. Wer abnehmen möchte, begegnet früher oder später Herausforderungen, die den Fortschritt erschweren. Ob Stress, Rückfälle, Krankheit oder emotionale Tiefpunkte – ein durchdachter Plan hilft dir, in solchen Momenten nicht die Kontrolle zu verlieren. Er erhöht die Wahrscheinlichkeit, dass du langfristig dranbleibst und dein Ziel tatsächlich erreichst.

Emotionale Stabilität bewahren

Gerade in belastenden Phasen ist emotionales Essen ein weit verbreitetes Phänomen. Viele greifen unbewusst zu Süßem oder Fettigem, um sich zu beruhigen. Ein Notfallplan hilft dir, alternative Strategien zu entwickeln. Dazu gehören zum Beispiel:

- Meditation oder Atemübungen
- Ein Spaziergang an der frischen Luft
- Ein kurzes Workout zur Ablenkung
- Journaling oder das Führen eines Gedanken-Tagebuchs

Diese Methoden helfen dir, mit Emotionen umzugehen, ohne dich selbst zu sabotieren.

Selbstdisziplin und Routinen festigen

In schwierigen Zeiten ist ein strukturierter Plan Gold wert. Wenn deine Motivation nachlässt oder du unter Druck stehst, hilft dir ein klarer Handlungsrahmen dabei, den Fokus nicht zu verlieren. Feste Mahlzeiten und geplante Bewegungseinheiten geben dir Halt und verhindern impulsives Verhalten.

Auch positive Ablenkung kann eine gute Methode sein. Statt auf der Couch zu versacken und Netflix mit Chips zu feiern, schnapp dir ein gutes Buch, lern ein Instrument oder verabrede dich für eine gemeinsame Aktivität. Wenn du weißt, dass bestimmte Situationen deine Willenskraft auf die Probe stellen, bereite dich mental darauf vor.

Trigger und Versuchungen bewältigen

Erkenne deine typischen Auslöser – sogenannte Trigger – und entwickle Gegenmaßnahmen. Das kann bedeuten, dass du:

- Süßigkeiten aus dem Haus verbannst
- Gesunde Alternativen griffbereit hältst
- Deine Trainingskleidung gut sichtbar bereitlegst

Wenn du weißt, dass du nach einem stressigen Tag automatisch zur Schokolade greifst, ersetze diese Gewohnheit durch etwas Besseres. Wasser trinken, Gemüse snacken oder einfach mal tief durchatmen – das ist der erste Schritt zur Veränderung.

Langfristige Perspektive bewahren

In besonders harten Phasen darfst du nicht den Blick fürs große Ganze verlieren. Rückschläge sind normal – entscheidend ist, wie du damit umgehst. Ein guter Plan hilft dir, temporäre Krisen als das zu sehen, was sie sind: vorübergehend.

Denk daran, wie weit du schon gekommen bist. Reflektiere, was du bereits geschafft hast. Selbstfürsorge bedeutet auch, sich gelegentlich eine Pause zu gönnen, ohne direkt alles hinzuwerfen. Nutze Rückschläge als Gelegenheit zum Innehalten – nicht zum Aufgeben.

Flexible Anpassung statt Aufgeben

Ein guter Plan ist kein starrer Fahrplan, sondern bietet Raum für Flexibilität. Wenn du mal keine Energie für ein hartes Workout hast – mach ein leichtes. Wenn du zu müde bist, um zu kochen – greif auf vorbereitete Mahlzeiten zurück. Hauptsache, du bleibst auf Kurs und gibst nicht komplett auf.

Auch kleine Schritte bringen dich voran. Denk immer daran: Besser eine kleine Einheit machen als gar nichts. Und wenn es heute nicht klappt – dann eben morgen. Aber hör nicht auf.

Soziale Unterstützung aktivieren

Schwierige Zeiten sind auch deshalb so gefährlich, weil sie uns oft isolieren. Ein Notfallplan sollte auch vorsehen, wen du in solchen Momenten kontaktierst:

- Freunde oder Familienmitglieder, die dich bestärken
- Deine Community auf Social Media
- Einen Coach oder Therapeuten, der dir professionell hilft

Es ist keine Schwäche, um Hilfe zu bitten – es ist ein Zeichen von Stärke, offen damit umgehen zu können. Ein starker Support kann dir den nötigen Schub geben, um durchzuhalten.

Gesundes Belohnungssystem etablieren

Belohn dich für deine Ausdauer – aber nicht mit Essen. Such dir schöne Alternativen:

- Einen Wellness-Tag
- Ein neues Buch oder Kleidungsstück
- Eine Massage oder einen Kinoabend

Wichtig ist, dass die Belohnung dich motiviert weiterzumachen – und nicht deine Fortschritte torpediert.

TIPP 61: AUSREICHEND SCHLAF FÜR DEN STOFFWECHSEL

Schlaf ist nicht gleich Schlaf. Viele Menschen schlafen schlecht und wissen es. Noch mehr schlafen schlecht, ohne es zu wissen. Bist du noch vor deinem Wecker wach oder drückst du unzählige Male die Snooze-Taste und ziehst dir die Decke über den Kopf? Oder fühlst du dich morgens ausgeschlafen, energiegeladen und bereit für den Tag? Die meisten würden letztere Frage mit „Nein“ beantworten. Stattdessen startet der Tag mit Müdigkeit, und ohne Kaffee geht gar nichts – der Beginn eines Teufelskreises.

Guter Schlaf ist für deine Gesundheit, deine Stimmung und auch deinen Abnehmerfolg nicht zu unterschätzen. Warum das so ist und wie du besser schläfst, verrate ich dir jetzt.

Schlaf reguliert den Hormonhaushalt

Schlafmangel bringt die Hormone Ghrelin und Leptin durcheinander. Ghrelin fördert den Hunger, Leptin signalisiert Sättigung. Bei Schlafmangel steigt Ghrelin, während Leptin sinkt. Die Folge: Du hast mehr Hunger und fühlst dich weniger satt. Abends steigt der Ghrelinspiegel zusätzlich an – also lieber früher schlafen gehen, als zu spät zu essen.

Schlaf fördert die Fettverbrennung

Während du schläfst, regeneriert sich der Körper – das betrifft auch den Fettstoffwechsel. Menschen, die ausreichend schlafen, verlieren nachweislich mehr Körperfett. Der Körper arbeitet im ausgeruhten Zustand effizienter.

Zu wenig Schlaf versetzt den Körper hingegen in den Energiesparmodus. Er verbrennt weniger Kalorien und speichert schneller Fett, da er langsamer arbeitet – und so sabotiert Schlafmangel langfristig deine Abnehmerfolge, selbst wenn du wenig isst.

Was allerdings nicht bedeutet, dass dich übermäßiger Schlaf besser abnehmen lässt!

Schlaf fördert Leistungsfähigkeit, Muskelaufbau und Stressbewältigung

Nur im Schlaf können Muskeln wirklich regenerieren und wachsen. Und das bedeutet: Da Muskeln auch in Ruhe Kalorien verbrennen, ist guter Schlaf ein direkter Faktor für deinen Grundumsatz.

Schlaf senkt zudem den Cortisolspiegel – das Stresshormon, das Fettansammlung begünstigt, vor allem im Bauchbereich.

Schlaf steigert Motivation und Selbstdisziplin

Wer gut schläft, hat mehr Energie für Sport und Bewegung. Müde Menschen lassen eher Workouts ausfallen oder trainieren weniger intensiv.

Wenn du müde bist, trifft dein Gehirn aber auch schlechtere Entscheidungen. Der Tag war lang, du hast schon oft Nein gesagt, nun hast du wieder Lust auf fett- und zuckerreiche Snacks und gibst deinem Verlangen nach.

Müdigkeit = mehr Versuchungen = weniger Kontrolle. Ausgeruht fällt es dir leichter, diszipliniert zu bleiben.

Tipps für eine bessere Schlafroutine

Feste Schlafzeiten einhalten

Versuche, jeden Tag zur gleichen Zeit ins Bett zu gehen und aufzustehen – auch am Wochenende. Ein regelmäßiger Schlafrhythmus unterstützt deinen Biorhythmus und sorgt für erholsame Nächte.

Abendliche Entspannungsrituale entwickeln

Rituale wie Lesen, Dehnen oder Atemübungen helfen, zur Ruhe zu kommen und schneller einzuschlafen.

Bildschirmzeit reduzieren

Vermeide mindestens eine Stunde vor dem Schlafengehen Handy, Laptop und Fernseher. Das blaue Licht stört deine Melatoninproduktion und macht das Einschlafen schwerer.

Eine angenehme Schlafumgebung schaffen

Dunkel, ruhig und kühl – so sollte dein Schlafzimmer sein. Investiere in gute Matratzen und verdunkelnde Vorhänge. Auch eine aufgeräumte Umgebung trägt zu einem besseren Schlafgefühl bei.

Vermeiden von anregendem und schwerem Essen am Abend

Koffeinhaltige Getränke und zuckerreiche Snacks stören deinen Schlaf. Scharfes Essen regt den Stoffwechsel an. Gönn dir stattdessen einen Kamillentee, Nüsse, Sauerkirschsaft oder eine Banane.

Regelmäßige Bewegung – aber nicht zu spät

Sport am Morgen oder Nachmittag hilft beim Einschlafen. Intensives Training am späten Abend hingegen hält dich eher wach. Das liegt unter anderem am Adrenalin im Körper.

Schlafzimmer nur zum Schlafen nutzen

Vermeide Arbeiten oder Fernsehen im Bett. Dein Unterbewusstsein sollte das Schlafzimmer mit Ruhe und Schlaf verbinden – nicht mit Stress.

Ein Schlaftagebuch führen

Wenn du deinen Schlaf verbessern möchtest, notiere Gewohnheiten, Stimmung und Schlafdauer. So erkennst du schnell Muster und kannst gezielt an bestimmten Stellschrauben drehen.

Kleine Nickerchen einschränken

Powernaps sind okay – aber nur kurz und nicht zu spät am Tag. Sonst leidet dein Nachtschlaf darunter.

Vermeide Alkohol vor dem Schlafen

Auch wenn er zunächst beruhigt, stört Alkohol deine Tiefschlafphasen massiv. Der Körper muss erst entgiften, bevor er sich erholen kann.

TIPP 62: STRESS REDUZIEREN

Stress gehört zum Leben – doch wenn er dauerhaft und intensiv wird, kann er unter anderem deinen Abnehmerfolg massiv behindern. Oft unterschätzt, beeinflusst Stress gleich mehrere Faktoren, die deinen Fortschritt sabotieren können: deinen Hormonhaushalt, dein Essverhalten, deinen Schlaf und deine Motivation. Wer erfolgreich abnehmen will, muss lernen, mit Stress besser umzugehen.

Stress beeinflusst das Essverhalten

Viele Menschen essen, um Stress emotional zu besänftigen. Statt Hunger zu verspüren, greifen sie aus Frust, Langeweile oder Überforderung zu Snacks – oft ganz unbewusst. Dabei wird häufig zu viel und zu schnell gegessen. Die Folge: Überessen, Verdauungsprobleme und Schuldgefühle.

Stress hemmt den Fettabbau

Stress signalisiert dem Körper: „Gefahr! Spare Energie!" Die Folge: Der Stoffwechsel wird gedrosselt, die Fettverbrennung gestoppt. Selbst wenn du dein Kaloriendefizit einhältst, kannst du in stressigen Phasen stagnieren oder sogar zunehmen.

Schlechter Schlaf durch Stress – Stress durch schlechten Schlaf

Stress und Schlafprobleme gehen Hand in Hand. Wer gestresst ist, schläft schlechter – und wer schlecht schläft, wird noch gestresster. Die Folgen: hormonelle Ungleichgewichte, mehr Hunger, weniger Sättigung und eine ganz besonders große Lust auf ungesunde Snacks.

Weniger Motivation für Bewegung und gesunde Entscheidungen

In stressigen Zeiten fehlt die Energie für Sport oder gesunde Mahlzeiten. Stattdessen fällt man in alte Muster zurück: Fast Food, Couch statt Workout, zu wenig Wasser, zu viele Gedanken. Je länger dieser Zustand anhält, desto schwieriger wird es, die Kurve zu kriegen um auf dem rechten Weg zu bleiben.

Stress erzeugt den Wunsch nach „Schnelllösungen“

Unter Druck neigen viele dazu, radikale Diäten oder zweifelhafte Nahrungsergänzungsmittel auszuprobieren. Diese Lösungen wirken kurzfristig – sind aber langfristig selten erfolgreich und manchmal sogar schädlich. Nachhaltiger Erfolg braucht Geduld, Struktur und Balance.

Negative Selbstwahrnehmung und mentale Belastung

Dauerstress beeinträchtigt auch das Selbstbild. Du bist unzufriedener, kritischer mit dir selbst und zweifelst schneller an deinem Weg. Frustration macht sich breit – und der Griff zur Schokolade scheint die einzige Lösung. Aber du weißt: Das ist sie nicht.

Stress beeinflusst die Verdauung

Stress kann die Verdauung regelrecht lahmlegen. Der Körper schaltet in den Notfallmodus, wichtige Funktionen werden heruntergefahren. Das Resultat: Blähungen, Völlegefühl, Verstopfung oder Durchfall. Auch die Nährstoffaufnahme kann gestört sein – ein Teufelskreis, denn dies begünstigt wiederum Hunger, einen gestörten Stoffwechsel, Fettzunahme und Verdauungsprobleme.

Achtsamkeit als Schlüssel zur Stressreduktion

Achtsamkeitstraining, Atemübungen, Meditation oder Yoga können helfen, Stress abzubauen und bewusster mit dem eigenen Verhalten umzugehen. Wer achtsam ist, isst langsamer, hört besser auf sein Sättigungsgefühl und erkennt emotionale Auslöser rechtzeitig.

Egal ob mit Bewegung, Gesprächen, Meditation oder kleinen Pausen im Alltag: Sorge für regelmäßigen Stressabbau. Du tust es nicht nur fürs Abnehmen – du tust es für dein gesamtes Wohlbefinden, deine psychische und physische Gesundheit.

TIPP 63: AUSREICHEND WASSER TRINKEN

Wasser ist für den Körper lebensnotwendig – nicht nur zur Regulierung von Temperatur, Zellfunktionen und Entgiftung, sondern auch als aktiver Helfer beim Abnehmen. Es fördert den Stoffwechsel, dämpft den Appetit und ersetzt kalorienhaltige Getränke. Die folgenden Punkte zeigen dir im Detail, warum Wasser so ein effektiver und einfacher Abnehmhelfer ist.

Wasser steigert auf natürliche Weise deinen Kalorienverbrauch

Kaltes Wasser verursacht im Körper einen leichten Temperaturunterschied. Um diesen auszugleichen, muss dein Körper Energie aufwenden, was wiederum Kalorien verbrennt. Dieser sogenannte thermogene Effekt macht Wasser zu einem kleinen Stoffwechsel-Booster. Studien zeigen, dass der Kalorienverbrauch nach dem Trinken von 500 ml kaltem Wasser für etwa eine Stunde spürbar ansteigt.

Wasser füllt den Magen – und das ganz ohne Kalorien

Ein Glas Wasser vor den Mahlzeiten hilft, früher satt zu werden und weniger zu essen. Da Wasser den Magen dehnt, sendet er Sättigungssignale ans Gehirn. So trickst du deinen Appetit aus.

Mitunter merkst du nach dem Trinken sogar, dass du gar keinen Hunger hast. Viele Menschen denken, sie müssen essen, obwohl ihr Körper in Wahrheit nur Flüssigkeit braucht. Ein einfaches Glas Wasser kann in solchen Momenten wahre Wunder wirken. Wenn du also das nächste Mal Hunger verspürst, greif erst zum Wasser.

Wasser ist an der Fettverbrennung direkt beteiligt

Für den Abbau von Fettzellen – also die sogenannte Lipolyse – benötigt dein Körper Wasser. Ohne genügend Flüssigkeit läuft dieser Prozess langsamer ab. Wer regelmäßig trinkt, sorgt dafür, dass der Fettstoffwechsel auf Touren kommt.

Beim Abnehmen werden Giftstoffe freigesetzt – Wasser hilft beim Abtransport

Fettzellen speichern Schadstoffe, die beim Abbau freigesetzt werden. Nur mit ausreichend Wasser können diese Stoffe effizient über Nieren und Leber aus dem Körper ausgeschieden werden. Damit entlastest du deine Entgiftungsorgane und fühlst dich insgesamt vitaler.

Ohne Wasser läuft im Verdauungstrakt nichts rund

Ausreichend Flüssigkeit sorgt dafür, dass Nahrung gut durch den Magen-Darm-Trakt transportiert wird. Wasser hilft, Ballaststoffe aufzuquellen, und regt so die Verdauung an. Gerade bei einer ballaststoffreichen Ernährung ist Trinken essenziell – sonst drohen Verstopfung oder Blähungen.

Gute Flüssigkeitsversorgung verbessert deine sportliche Leistung

Dein Körper verliert beim Training Flüssigkeit – und damit Leistungsfähigkeit. Schon 2% Flüssigkeitsverlust mindern die Konzentration und Muskelkraft. Wenn du also regelmäßig trainierst, solltest du besonders darauf achten, vor, während und nach dem Sport genügend Wasser zu dir zu nehmen.

Ausreichendes Trinken hilft, Heisshungerattacken zu vermeiden

Ein stabiler Blutzuckerspiegel ist entscheidend beim Abnehmen. Wasser sorgt für einen gleichmäßigeren Verlauf und verhindert, dass du plötzlich in ein Energietief fällst – und dann zu Süßem greifst. Wer gut hydriert ist, hat weniger Heißhunger und trifft automatisch gesündere Entscheidungen.

Mit Wasser stärkst du Haut, Gehirn und Immunsystem gleichzeitig

Nicht nur deine Figur profitiert von ausreichend Wasser, sondern dein gesamter Körper. Eine gut versorgte Haut sieht straffer aus, dein Kopf bleibt klarer, und dein Immunsystem kann sich besser gegen Krankheitserreger wehren. Wasser ist eben das Wundermittel schlechthin und der Grundstein allen Lebens.

Wasser kann hunderte Kalorien pro Woche sparen

Ein Glas Cola hat rund 100 kcal. Wer stattdessen Wasser trinkt, spart pro Woche leicht mehrere hundert Kalorien – ohne dafür auch nur einen einzigen Happen weniger essen zu müssen. Auch Fruchtsäfte und Schorlen sind Zuckerfallen und sollten, wenn überhaupt, nur gelegentlich und bewusst getrunken werden.

TIPP 64: NÄCHTLICHES ESSEN VERMEIDEN

Nächtliches Essen gehört zu den häufigsten Stolperfallen beim Abnehmen. Es passiert oft unbewusst, aus Langeweile, Emotionen oder Gewohnheit – und nur selten aus echtem Hunger. Dabei spricht vieles dafür, die Küche ab einer gewissen Uhrzeit geschlossen zu halten.

In der Nacht läuft der Stoffwechsel auf Sparflamme

Unser Stoffwechsel folgt einem natürlichen Tagesrhythmus. Tagsüber ist der Körper auf Aktivität und Nahrungsaufnahme mit dazugehöriger Verdauungfunktion programmiert, nachts auf Regeneration und Ruhe. Essen wir dennoch spät am Abend oder sogar nachts, kann der Körper die zugeführte Energie schlechter verwerten. Die Verdauung verlangsamt sich, Kalorien werden eher gespeichert als verbrannt. Wer regelmäßig spät isst, läuft Gefahr, sich durch diese zusätzliche Energiezufuhr unbemerkt einen Kalorienüberschuss anzufuttern – mit fatalen Folgen für das Abnehmziel.

Spätes Snacken führt oft zu unnötig vielen Kalorien

Das Problem beim nächtlichen Essen ist häufig nicht nur das „Wann“, sondern auch das „Was“. Wer abends noch einmal zur Küche schleicht, entscheidet sich selten für gesunde Optionen. Stattdessen landen Chips, Eis oder andere hochverarbeitete Snacks im Magen. Und das meist ohne echten Hunger, sondern nebenbei beim Fernsehen oder Scrollen durch Social Media. Dadurch geht das Gefühl für Mengen und Sättigung verloren. Schnell kommen hunderte Kalorien zusammen, die der Körper in der Nacht kaum verstoffwechseln kann.

Diese Snacks enthalten zudem meist viel Zucker, Fett und Salz – und nur wenige Nährstoffe. Gleichzeitig steigern sie den Appetit und sorgen dafür, dass man noch mehr davon möchte. Der Körper wird damit überflutet und der Fettabbau blockiert.

Der Blutzuckerspiegel wird aus dem Gleichgewicht gebracht

Gerade zucker- und kohlenhydratreiche Snacks am Abend lassen den Blutzuckerspiegel schnell ansteigen – und genauso schnell wieder abfallen. Das kann nicht nur die Schlafqualität beeinträchtigen, sondern am nächsten Morgen zu Heißhungerattacken führen. Ein instabiler Blutzucker macht es schwerer, am Tag diszipliniert zu essen. Ein klassischer Teufelskreis entsteht.

Späte Mahlzeiten stören deinen Schlafrhythmus

Wenn der Körper mit Verdauung beschäftigt ist, fällt das Einschlafen schwerer. Magenbeschwerden, Sodbrennen oder Völlegefühl können die Nachtruhe erheblich stören. Und schlechter Schlaf wirkt sich wiederum negativ auf die Hormonregulation aus – insbesondere auf Ghrelin und Leptin, die für Hunger und Sättigung verantwortlich sind. Du schläfst schlecht, bist tagsüber müde und isst mehr – die perfekte Kombi für Gewichtszunahme.

Nächtliches Essen ist oft emotional bedingt

Viele essen nachts nicht, weil sie körperlichen Hunger verspüren, sondern aus emotionalen Gründen: Stress, Frust, Einsamkeit oder Langeweile. Das sogenannte emotionale Essen dient als kurzfristiger Trost, führt aber langfristig zu Unzufriedenheit und einer ungesunden Beziehung zum Essen. Wer alternative Strategien zur Stressbewältigung entwickelt – wie Tagebuch schreiben, Meditation oder Bewegung – kann das emotionale Essverhalten durchbrechen.

Spätabends zu essen hemmt die Fettverbrennung im Schlaf

Zwischen Abendessen und Frühstück liegt normalerweise eine natürliche Fastenphase – ideal, damit der Körper in der Nacht Fettreserven anzapft. Wird diese Fastenphase durch nächtliches Essen unterbrochen, fällt diese wichtige Fettverbrennungszeit weg. Der Körper verwendet dann die neue Energie aus der Nahrung – und lagert überschüssige Kalorien als Fett ein.

Unregelmässige Essenszeiten bringen den Tagesrhythmus durcheinander

Regelmäßige Mahlzeiten helfen dem Körper, im Takt zu bleiben – das betrifft auch den Stoffwechsel. Wer nachts isst, hat morgens oft keinen Hunger, lässt das Frühstück aus und beginnt den Tag im Ungleichgewicht. Das kann zu weiteren Heißhungerattacken und unkontrolliertem Essverhalten führen. Ein fester Essensrhythmus mit Abendessen als letzter Mahlzeit schafft Struktur und unterstützt das Abnehmen.

Hormonelle Veränderungen erschweren zusätzlich den Abnehmerfolg

Nächtliches Essen stört die natürliche Ausschüttung von Insulin und Cortisol. Der Körper wird dadurch weniger insulinempfindlich – was bedeutet, dass Zucker schlechter verarbeitet wird und eher als Fett gespeichert wird. Zusätzlich bleibt der Cortisolspiegel hoch, was wiederum den Fettabbau erschwert und zu mehr Appetit führt. Ein Kreislauf, der sich nur durch regelmäßige Essenspausen unterbrechen lässt.

Mein Rat: Setz dir eine persönliche „Küchenschluss-Zeit“ und halte dich konsequent daran – dein Körper wird es dir danken.

TIPP 65: ZWISCHEN HUNGER UND APPETIT UNTERSCHEIDEN

Obwohl oder genau weil wir heutzutage ständig Zugang zu Essen haben, haben viele Menschen verlernt, auf ihre echten Körpersignale zu hören. Statt zu essen, weil der Körper Energie braucht, essen wir oft aus Langeweile, Gewohnheit, Stress oder weil uns Werbung oder Gerüche Appetit machen. Wenn du lernst, echten körperlichen Hunger von bloßem Appetit zu unterscheiden, kannst du bewusster essen, unnötige Kalorien vermeiden und dein Gewicht dauerhaft regulieren.

Echter Hunger ist ein körperliches Signal – nicht nur ein Gefühl

Hunger ist das natürliche Zeichen deines Körpers, dass er Energie und Nährstoffe braucht. Du erkennst ihn daran, dass er sich langsam aufbaut und meist von Magenknurren, einem leeren Gefühl im Bauch oder leichter Müdigkeit begleitet wird. Auch Konzentrationsschwierigkeiten oder Reizbarkeit können auftreten. Hierfür wird gern das Wort „hangry“ genutzt – als Fusion aus den englischen Worten „hungry“ und „angry“.

Appetit ist oft ein impulsiver Reiz – nicht der echte Bedarf

Appetit hingegen entsteht plötzlich und ist meist auf bestimmte Lebensmittel fokussiert – z. B. Schokolade, Chips oder Fast Food. Er hat selten etwas mit einem Energiebedarf zu tun, sondern wird durch Reize wie Werbung, Gewohnheiten oder Emotionen ausgelöst. Wer regelmäßig aus Appetit isst, nimmt oft mehr Kalorien zu sich als nötig – und das kann sich langfristig auf der Waage bemerkbar machen.

Bewusstes Essen hilft dir, dich selbst besser zu verstehen

Zwischen Hunger und Appetit zu unterscheiden, ist ein Teil achtsamen Essens. Wenn du dir vor jeder Mahlzeit bewusst die Frage stellst: „Habe ich wirklich Hunger?“, wirst du überrascht sein, wie oft du isst, ohne es zu brauchen. Bewusstes Essen bedeutet auch, sich Zeit zu nehmen, ohne Ablenkung zu essen und auf Körpersignale wie Sättigung zu achten. Wer bewusster isst, isst automatisch weniger und meist gesünder.

Emotionen können deinen Appetit stark beeinflussen

Viele Menschen essen, um sich zu trösten, zu beruhigen oder sich zu belohnen. Dieses sogenannte emotionale Essen kann zur Gewohnheit werden und hat mit echtem Hunger nichts zu tun. Wenn du merkst, dass du z. B. bei Stress oder Frust automatisch zum Essen greifst, finde Alternativen: Ein Spaziergang, ein Gespräch mit einer vertrauten Person oder auch eine kurze Atemübung kann helfen, den inneren Druck zu lösen – ohne Kalorienaufnahme.

Äussere Reize sind oft der Auslöser für ungewolltes Essen

Du bist eigentlich satt, aber der Duft von Pizza zieht dich magisch an? Oder du hast gerade einen Werbespot für Eis gesehen und plötzlich Appetit? Solche Reize triggern unser Belohnungssystem im Gehirn – besonders bei hochkalorischen Lebensmitteln. Wenn du dich darin wiedererkennst, versuche solche Reize zu meiden oder bewusst zu hinterfragen: „Brauche ich das jetzt wirklich – oder wurde mein Appetit nur geweckt?"

Du sparst Kalorien, wenn du nur bei echtem Hunger isst

Der wohl größte Vorteil, wenn du Hunger und Appetit unterscheiden lernst, ist die Kontrolle über deine Kalorienzufuhr. Wer nur dann isst, wenn der Körper es wirklich verlangt, vermeidet überflüssige Snacks, Süßigkeiten und spontane Mahlzeiten – das spart im Laufe der Woche oft mehrere hundert Kalorien täglich, ohne dass du das Gefühl hast, auf etwas verzichten zu müssen.

Deine Lebensmittelwahl wird automatisch besser

Wenn du aus echtem Hunger isst, entscheidest du dich viel eher für nährstoffreiche, ausgewogene Mahlzeiten – weil dein Körper genau das verlangt. Appetit hingegen führt häufig zu Heißhunger auf Süßes, Fettiges oder Salziges. Achte darauf, was du in dem Moment wirklich brauchst – und du wirst mit der Zeit nicht nur besser essen, sondern dich auch besser fühlen.

Du schützt dich vor dem Jojo-Effekt

Viele nehmen durch kurzfristige Diäten ab und essen danach wieder unkontrolliert, wenn der Appetit zuschlägt. Wer hingegen lernt, auf die echten Signale seines Körpers zu hören und aus Appetit nicht sofort zuzugreifen, entwickelt eine nachhaltige Beziehung zum Essen. Das ist die beste Prävention gegen den gefürchteten Jojo-Effekt – und ein Schlüssel für langfristigen Erfolg.

Dein Blutzuckerspiegel bleibt stabiler

Essen nur bei echtem Hunger hilft, den Blutzuckerspiegel in Balance zu halten. Wer hingegen ständig aus Appetit snackt, bringt seinen Blutzucker durcheinander – was wiederum zu Heißhunger führt. Ein stabiler Blutzucker sorgt für mehr Energie, bessere Laune und weniger Gelüste – also genau das, was du brauchst, um konsequent auf dein Ziel hinzuarbeiten.

Du entwickelst ein gesundes Verhältnis zum Essen

Am Ende geht es nicht nur darum, Kalorien zu zählen oder möglichst schnell Gewicht zu verlieren. Viel wichtiger ist, dass du eine gesunde Beziehung zu deinem Körper und deinem Essverhalten aufbaust. Wenn du beginnst, Essen wieder als Energiequelle und Genussmittel zu verstehen – statt als Reaktion auf jede Emotion –, hast du einen großen Schritt in Richtung langfristige Gesundheit gemacht.

TIPP 66: STÄNDIGES SNACKEN VERMEIDEN

Dauerndes Snacken kann den Abnehmerfolg stark beeinträchtigen, besonders wenn es sich um unkontrolliertes, unbewusstes Essen handelt. Auch wenn kleine Mahlzeiten über den Tag verteilt für manche funktionieren, kann häufiges Zwischendurchessen zu einem Übermaß an Kalorien und zu einem instabilen Blutzuckerspiegel führen. In diesem Tipp schauen wir uns an, warum das Vermeiden von ständigem Snacken eine effektive Maßnahme für eine bessere Kalorienkontrolle und mehr Körperbewusstsein ist.

Häufiges Snacken erschwert die Kontrolle über deine tägliche Kalorienbilanz

Zwischendurch greifen viele Menschen zu kleinen Snacks, ohne wirklich zu registrieren, wie viele Kalorien sie dabei zu sich nehmen. Ein paar Nüsse hier, ein Schokoriegel da – in Summe kann das schnell hunderte zusätzliche

Kalorien bedeuten. Besonders problematisch wird es, wenn du nicht darauf achtest, was und wie viel du isst. Ein Ernährungstagebuch kann dir helfen, den Überblick zu behalten und Schwachstellen zu erkennen – sonst droht leicht eine zu hohe Kalorienzufuhr.

Ständiges Essen bringt deinen natürlichen Hunger-Sättigungs-Rhythmus durcheinander

Dein Körper kennt normalerweise klare Signale: Hunger bedeutet Energiebedarf, Sättigung bedeutet „Es reicht". Durch dauerhaftes Snacken wird dieser Rhythmus gestört, da der Körper es nicht mehr versteht, echten Hunger zu verspüren und diesen von Appetit zu unterscheiden. Das kann zu einem Dauergreifen nach Essen führen – ohne dass ein echter Energiebedarf besteht.

Jeder Bissen heißt auch: Insulin wird ausgeschüttet

Jede Nahrungsaufnahme, insbesondere kohlenhydratreiche Snacks, fordert vom Körper eine Insulinreaktion. Wenn du den ganzen Tag snackst, wird ständig Insulin ausgeschüttet, was langfristig zu Insulinresistenz und Diabetes Typ 2 führen kann. Der Fettabbau wird dabei blockiert, denn bei dauerhaft hohen Insulinspiegeln ist der Körper eher im Speicher- als im Abbaumodus.

Viele Snacks sind nährstoffarm und voller leerer Kalorien

Typische Snacks wie Kekse, Chips oder gezuckerte Müsliriegel beinhalten kaum wertvolle Nährstoffe, dafür aber viel Zucker, Fett und Zusatzstoffe. Sie stillen weder Hunger noch liefern sie nachhaltige Energie. Schlimmer noch: Sie fördern Entzündungen im Körper und machen Lust auf mehr.

Dauerhafte Energiezufuhr verhindert, dass dein Körper auf seine Fettreserven zugreift

Zwischen den Mahlzeiten braucht der Körper Pausen, in denen er sich aus seinen Fettdepots bedient. Wer ständig neue Energie zuführt, unterbricht diese Phasen. Die natürliche Fettverbrennung kommt ins Stocken, was langfristig den Abnehmprozess bremst.

Snacks sind meist eine emotionale Reaktion – kein physischer Hunger

Stress, Frust, Langeweile: Häufig greifen wir nicht aus echtem Hunger, sondern aus Emotionen zum Essen. Wer diese Muster erkennt, kann Alternativen finden – zum Beispiel Bewegung, Gespräche, Entspannung oder kreative Tätigkeiten.

Snacks sättigen nur kurz – und machen oft schnell wieder hungrig

Ein Stück Schokolade, ein paar Kekse oder Cracker – all das bringt vielleicht kurzfristige Befriedigung, aber keine langanhaltende Sättigung. Vollwertige Mahlzeiten mit Proteinen, Ballaststoffen und gesunden Fetten hingegen halten länger satt und vermeiden Heißhunger.

Klare Essensstrukturen helfen dir, bewusster und gesünder zu essen

Feste Mahlzeiten mit klaren Zeiten unterstützen deinen Körper dabei, sich auf Hunger und Sättigung einzustellen. Auch dein Verdauungssystem profitiert davon. Weniger Snacken, mehr Struktur – das ist der Schlüssel. Versuche circa alle vier Stunden eine vollwertige Mahlzeit zu dir zu nehmen. Dein Körper wird sich schnell an die ausbleibenden Snacks und die festen zeitlichen Abstände gewöhnen.

Wer bewusst isst, genießt mehr und isst weniger. Auch deine Beziehung zum Essen verändert sich positiv. Indem du das Snacken reduzierst, stärkst du dein Selbstbewusstsein und deine Selbstkontrolle – zwei wichtige Faktoren auf dem Weg zum Wohlfühlgewicht.

TIPP 67: JEDE MAHLZEIT GENIESSEN

In unserer hektischen Zeit wird das Essen oft zur Nebensache. Wir essen beim Autofahren, beim Scrollen durch Social Media oder im Stehen zwischen zwei Terminen. Dabei ist bewusstes Essen einer der wirksamsten Schlüssel für langfristigen Abnehmerfolg. In diesem Tipp zeige ich dir, wie achtsames Essen deinen Umgang mit Nahrungsmitteln verändern kann – und was das für dein Gewicht bedeutet.

Achtsamkeit beim Essen stärkt dein Gespür für Hunger und Sättigung

Wenn du mit voller Aufmerksamkeit isst, lernst du schneller zu erkennen, wann du wirklich hungrig bist – und wann du eigentlich schon satt bist. Das verhindert Überessen und hilft dir, dich nicht von Gewohnheit, Zeitdruck oder Reizen leiten zu lassen, sondern von deinem Körpergefühl.

Emotionen haben beim Essen oft mehr Macht, als dir bewusst ist

Traurigkeit, Stress, Langeweile: Emotionen bringen uns häufig dazu zu essen – auch ohne Hunger. Wer achtsam isst, erkennt diese Zusammenhänge besser und kann mit Emotionen anders umgehen. Statt sie mit Schokolade zu überdecken, kannst du lernen, sie mit Bewegung, Gesprächen oder Entspannung zu verarbeiten.

Langsames Essen macht satt – schneller, als du denkst

Wenn du langsamer isst, registrierst du viel besser, wann der Punkt der Sättigung erreicht ist. Studien zeigen, dass es etwa 20 Minuten dauert, bis das Gehirn merkt: „Ich bin satt." Wer sich Zeit nimmt und jeden Bissen genießt, isst automatisch weniger und hat trotzdem das Gefühl, richtig gegessen zu haben.

Genuss statt Gier – nimm dein Essen wieder richtig wahr

Textur, Geschmack, Geruch, Temperatur – gutes Essen hat so viel mehr zu bieten als nur Kalorien. Wer bewusst isst, entwickelt ein neues Verhältnis zum Essen und genießt es wieder wirklich. Das macht nicht nur glücklich, sondern auch insgesamt zufriedener – und reduziert die Gier nach mehr.

Bewusstes Essen führt zu besseren Lebensmittelentscheidungen

Achtsames Essen schärft auch das Bewusstsein für Qualität. Wer bewusst isst, greift eher zu frischen, natürlichen Lebensmitteln und vermeidet Fertigprodukte. Du hörst auf deinen Körper und gibst ihm das, was er braucht – nicht das, was schnell verfügbar ist.

Snacks verlieren an Reiz, wenn du dir Zeit fürs Essen nimmst

Bewusstes Essen verringert automatisch die Lust auf ständiges Snacken. Wenn du regelmäßig isst, satt wirst und dich dabei wohlfühlst, verspürst du seltener den Drang, zwischendurch zu naschen. Ein weiterer Vorteil: Die Lust auf Süßes oder Fettiges nimmt ab, weil dein Körper versorgt ist.

Deine Verdauung dankt dir – und wird effizienter

Gut gekaut ist halb verdaut. Wenn du dir beim Essen Zeit nimmst, kaust du besser und erleichterst deinem Verdauungstrakt die Arbeit. Dadurch werden Nährstoffe besser aufgenommen, Blähungen und Völlegefühl vermieden – und dein Bauch fühlt sich wohler und flacher an.

Ablenkungen beim Essen führen zu überflüssigen Kalorien

Fernsehen, Handy, Zeitung – alles, was dich beim Essen ablenkt, führt dazu, dass du unbewusst mehr isst. Um achtsam zu essen, schalte Störquellen aus und widme dich ganz der Mahlzeit. So bekommst du ein besseres Gefühl dafür, wann es genug ist, und kannst dein Essen viel mehr genießen.

Achtsamkeit verändert deine Einstellung zu dir selbst

Bewusstes Essen hilft nicht nur beim Abnehmen, sondern auch dabei, dich selbst besser zu verstehen. Du wirst dir über deine Muster klarer, kannst alte Gewohnheiten loslassen und entwickelst mehr Selbstfürsorge. Eine gesunde Beziehung zu Essen beginnt im Kopf – und bei jeder Mahlzeit.

TIPP 68: AUF DEINE KÖRPERHALTUNG ACHTEN

Beim Thema Abnehmen denken die meisten zuerst an Ernährung, Sport oder vielleicht noch an Schlaf. Was häufig unterschätzt wird, ist die Bedeutung der Körperhaltung. Dabei hat deine Haltung nicht nur einen großen Einfluss auf dein äußeres Erscheinungsbild, sondern auch auf deinen Kalorienverbrauch, deine Gesundheit und dein gesamtes Wohlbefinden – und sie kann dich deinem Wunschgewicht tatsächlich näher bringen.

Eine aufrechte Haltung verbessert deine Atmung und Sauerstoffversorgung

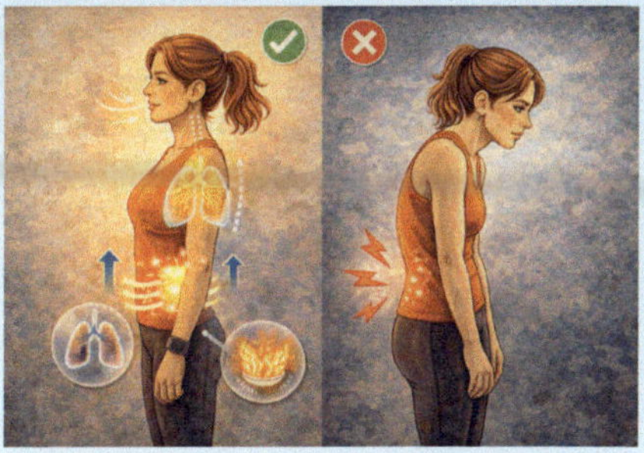

Wenn du aufrecht stehst oder sitzt, haben deine Lungenflügel mehr Platz, sich auszudehnen. Dadurch wird deine Sauerstoffaufnahme verbessert, was sich positiv auf deinen Stoffwechsel auswirkt. Je mehr Sauerstoff dein Körper bekommt, desto effektiver kann er Energie bereitstellen und Fett verbrennen. Eine schlechte Haltung – wie ein zusammengesackter Oberkörper oder ein nach vorn geneigter Kopf – reduziert diese Kapazität und hemmt die Fettverbrennung.

Deine Körpermitte wird bei guter Haltung automatisch aktiviert

Eine gute Haltung bedeutet: Schultern zurück, Brust raus, Bauch leicht angespannt. Damit aktivierst du automatisch deine Rumpfmuskulatur – also Bauch, unteren Rücken und Beckenboden. Diese Muskelpartien stabilisieren deinen Körper und verbrennen dabei permanent Kalorien, auch im Sitzen oder Stehen. Eine trainierte Körpermitte verbessert somit nicht nur deine Haltung, sondern unterstützt auch deinen Grundumsatz – also den Kalorienverbrauch in Ruhe.

Schlechte Haltung kann Rückenschmerzen fördern und Bewegung verhindern

Wer ständig gebeugt oder schief steht oder sitzt, riskiert Verspannungen, Fehlhaltungen und chronische Rückenschmerzen. Diese wiederum machen Bewegung unangenehm oder gar unmöglich. Und weniger Bewegung bedeutet weniger Kalorienverbrauch. Eine aufrechte Haltung entlastet deine Wirbelsäule, beugt Schmerzen vor und hält dich beweglich – ein wichtiger Faktor, um dauerhaft aktiv zu bleiben.

Gerades Sitzen fördert die Verdauung und Nährstoffaufnahme

Wenn du zusammengesackt sitzt, wird dein Verdauungstrakt regelrecht gequetscht. Das kann zu Völlegefühl, Blähungen oder Sodbrennen führen. Mit einer aufrechten Haltung ermöglichst du deinem Magen-Darm-System, effizient zu arbeiten – und das ist wichtig, wenn du deine Nährstoffe optimal verwerten und deine Verdauung in Schwung halten willst.

Aufrechte Menschen sind aktiver – mental und körperlich

Klingt vielleicht komisch, ist aber so: Menschen, die aufrecht stehen und sitzen, fühlen sich fitter, selbstbewusster und energetischer. Eine gute Haltung wirkt sich direkt auf deine Körpersprache und deine innere Haltung aus. Und wer sich aktiv fühlt, bewegt sich auch mehr – und hat mehr Lust, gesunde Entscheidungen zu treffen. Du fühlst dich stärker und handelst auch so.

Auch im Alltag verbrennst du mehr Kalorien durch gute Haltung

Sitzen ist das neue Rauchen – heißt es oft. Wenn du stundenlang zusammengesackt sitzt, verbrennst du kaum Kalorien. Eine aufrechte Haltung aktiviert deine Muskulatur und erhöht den Energieverbrauch, ohne dass du zusätzlich Sport machen musst. Auch kleine Veränderungen – wie häufigeres Stehen, aktives Sitzen auf einem Gymnastikball oder bewusste Bewegungen zwischendurch – machen auf Dauer einen großen Unterschied.

Selbstbewusstes Auftreten beginnt mit der richtigen Körperhaltung

Eine gute Haltung verändert nicht nur deine Ausstrahlung, sondern auch dein Selbstbild. Wer aufrecht steht, wirkt automatisch selbstsicherer – auf andere, aber auch auf sich selbst. Und dieses gesteigerte Selbstbewusstsein motiviert dich, an deinen Zielen dranzubleiben. Eine gute Haltung signal isiert Stärke, Klarheit und Entschlossenheit – genau das, was du brauchst, wenn du deinen Körper verändern willst.

Richtig stehen und sitzen beugt Sportverletzungen vor

Eine schlechte Haltung ist beim Training nicht nur ineffektiv, sondern auch gefährlich. Wer mit rundem Rücken hebt oder läuft wie eine Banane, riskiert Fehlbelastungen und Verletzungen. Wer hingegen auf eine stabile Haltung achtet, kann Übungen sauberer und effektiver ausführen – was den Kalorienverbrauch steigert und den Trainingseffekt maximiert. Haltung ist auch im Sport der Schlüssel zu langfristigem Erfolg.

Weniger Stress durch eine stabile, aufrechte Körperhaltung

Deine Haltung beeinflusst neben deinem Körper auch deine Psyche. Untersuchungen zeigen, dass Menschen mit aufrechter Haltung weniger Stress empfinden und sich mental stabiler fühlen. Das liegt daran, dass bestimmte Haltungen – wie das Zusammensinken – automatisch mit negativen Emotionen verknüpft sind. Eine aufrechte Haltung hebt also im wahrsten Sinne des Wortes deine Stimmung – und reduziert stressbedingtes Essen oder Cortisolausschüttung.

Eine gute Haltung schützt langfristig deine Gesundheit

Wer frühzeitig auf eine gesunde Haltung achtet, beugt Haltungsschäden, muskulären Dysbalancen und unnötigem Gelenkverschleiß vor. Das reduziert die Wahrscheinlichkeit, dass du irgendwann aus gesundheitlichen Gründen gezwungen bist, mit dem Sport auszusetzen. Damit ist die gute Haltung nicht nur ein kurzfristiger Booster für deinen Kalorienverbrauch, sondern eine nachhaltige Investition in deine Fitness und dein Wohlbefinden.

Kurz gesagt: Wenn du abnehmen willst, fang bei deiner Haltung an. Sie ist der einfachste Schritt, den du sofort umsetzen kannst – und der mit jedem Tag, an dem du aufrecht durchs Leben gehst, Großes bewirken kann. Apropos Großes: Wenn du aufrecht stehst, bist du übrigens direkt bis zu fünf Zentimeter größer. Und fünf Zentimeter sind ein beachtlicher Unterschied, nicht nur im Schlafzimmer. Schmunzeln erlaubt.

TIPP 69: SITZZEIT REDUZIEREN

Unser moderner Alltag zwingt uns geradezu dazu: stundenlange Bildschirmarbeit, lange Autofahrten und gemütliche Abende auf der Couch – all das führt dazu, dass unser Körper über weite Strecken des Tages inaktiv bleibt. Dabei ist Sitzen keineswegs eine neutrale Körperhaltung. Im Gegenteil: Langes und häufiges Sitzen hat messbare negative Auswirkungen auf den Stoffwechsel, den Energieverbrauch und die gesamte körperliche Gesundheit. Wer abnehmen möchte, sollte diese stille Bremse erkennen – und aktiv dagegensteuern.

Der Kalorienverbrauch sinkt im Sitzen deutlich

Wenn du sitzt, verbraucht dein Körper deutlich weniger Energie als im Stehen oder bei Bewegung. Das ist logisch, denn du nutzt deine Muskulatur kaum und dein gesamter Energiebedarf reduziert sich. Dieser Effekt summiert sich über den Tag und kann schnell dazu führen, dass du dein Kaloriendefizit – also die Grundlage jeder erfolgreichen Gewichtsreduktion – nur noch schwer erreichst. Selbst wenn du auf deine Ernährung achtest, kann die durch langes Sitzen bedingte Inaktivität deinen Fortschritt bremsen.

Langes Sitzen verlangsamt Stoffwechsel und Fettabbau

Die Stoffwechselaktivität passt sich deinem Aktivitätslevel an. Sitzt du viel, fährt dein Körper automatisch herunter. Das betrifft insbesondere die Glukoseverwertung und die Fähigkeit, Fette effizient zu verarbeiten. Schon nach wenigen Stunden Sitzen reduziert sich die Aktivität fettverbrennender Enzyme. Das bedeutet, dass dein Körper weniger gut darauf vorbereitet ist, gespeichertes Fett als Energiequelle zu nutzen. Selbst wenn du dich zwischendurch sportlich betätigst, kann häufiges Sitzen den Fettabbau bremsen.

Muskelabbau durch Inaktivität

Langes Sitzen heißt auch: Deine Bein- und Gesäßmuskulatur wird nicht beansprucht. Diese Muskelgruppen sind jedoch entscheidend für deinen Grundumsatz, denn Muskeln verbrauchen auch im Ruhezustand Kalorien. Je mehr Muskelmasse du hast, desto mehr Energie verbrauchst du. Sitzt du häufig und lange, beginnt dein Körper, diese inaktiven Muskeln abzubauen. Das senkt deinen Grundumsatz – und damit deine tägliche Kalorienverbrennung.

Erhöhtes Risiko für Übergewicht und schlechte Gewohnheiten

Wer viel sitzt, bewegt sich logischerweise weniger – aber besonders bei sitzenden Tätigkeiten wie Büroarbeit oder Fernsehen greifen viele auch automatisch zu Snacks, einfach weil sie in Reichweite sind. Das führt zu einer unbewussten Kalorienaufnahme, die dein Defizit schnell zunichtemacht. Hier hilft nur eines: Bewegung einbauen und ungesunde Gewohnheiten durch bewusste Entscheidungen ersetzen.

Bewegungsmangel macht träge

Zu langes Sitzen lässt die Motivation, Sport zu treiben oder sich überhaupt zu bewegen, sinken. Wer sich regelmäßig bewegt, hat mehr Energie, eine bessere Haltung, ein höheres Selbstwertgefühl und ist allgemein aktiver – auch im Kopf. All das unterstützt deinen Abnehmprozess auf ganzheitlicher Ebene.

Schlechte Haltung und Rückenschmerzen

Zu langes Sitzen wirkt sich auch negativ auf die Körperhaltung aus. Oft sackt man in sich zusammen, die Schultern fallen nach vorn, der Rücken wird rund. Diese schlechte Haltung kann zu Verspannungen, Schmerzen und eingeschränkter Bewegungsfreiheit führen. Und wer Schmerzen hat, bewegt sich weniger – was sich erneut negativ auf den Stoffwechsel und den Abnehmerfolg auswirkt.

Psychische Auswirkungen durch Inaktivität

Bewegung setzt Glückshormone frei – doch wer viel sitzt, produziert weniger davon. Das kann langfristig die Stimmung drücken und zu Antriebslosigkeit, Frust oder gar Depressionen führen. Und wir wissen: Emotionale Tiefs fördern emotionales Essen. Wenn du aktiv bleibst und Sitzzeiten unterbrichst, tust du also nicht nur deinem Körper, sondern auch deiner Psyche einen riesigen Gefallen. Um dem Winterblues zu entgehen, daher bitte auch in der kälteren Jahreszeit nicht auf Bewegung verzichten – einfach wärmer anziehen.

Kleine Bewegungen, große Wirkung

Du musst nicht direkt ins Fitnessstudio rennen, um Sitzzeiten zu kompensieren. Schon kleine Dinge helfen: Telefonieren im Stehen, kurze Spaziergänge in der Mittagspause, Dehnen am Schreibtisch, ein Spaziergang nach dem Abendessen. Jede Bewegung zählt – und sie summiert sich über den Tag zu einem spürbaren Unterschied.

Reduzierst du deine tägliche Sitzzeit konsequent, wirst du nicht nur schneller abnehmen. Du wirst dich fitter, wacher und leistungsfähiger fühlen. Du stärkst deinen Rücken, dein Herz-Kreislauf-System, deine Psyche – und ganz nebenbei verbrennst du mehr Kalorien. Weniger Sitzen bedeutet schlichtweg mehr Leben. Also: Hoch mit dem Hintern – dein Körper wird es dir danken.

TIPP 70: SALZKONSUM EINSCHRÄNKEN

Salz ist lebensnotwendig – es hilft bei der Weiterleitung von Nervenimpulsen, reguliert den Blutdruck und spielt eine zentrale Rolle im Flüssigkeitshaushalt unseres Körpers. Trotzdem: Zu viel Salz wirkt sich negativ auf die Gesundheit und den Abnehmerfolg aus. Wer dauerhaft zu salzhaltig isst, lagert mehr Wasser im Gewebe ein. Das kann den Blick auf die Waage verzerren und den Fortschritt beim Abnehmen sabotieren. Zugleich riskiert man durch hohen Salzkonsum auch noch Bluthochdruck und Nierenprobleme.

Salz bindet Wasser – und das zeigt sich auf der Waage

Wenn du viel Salz zu dir nimmst, speichert dein Körper mehr Wasser, um das überschüssige Natrium im Blut auszugleichen. Diese Wassereinlagerungen können sich innerhalb von Stunden zeigen – oft am nächsten Morgen auf der Waage oder an einem aufgequollenen Gefühl in Händen, Füßen oder Gesicht. Das Gewicht steigt plötzlich um ein bis zwei Kilo – obwohl du gar nicht „mehr" gegessen hast. Die Ursache: nicht Fett, sondern Wasser. Reduzierst du deinen Salzkonsum, scheidet dein Körper dieses Wasser wieder aus. Ein gutes Gefühl – nicht nur auf der Waage, sondern auch in deinen Gelenken und im Bauchbereich.

Zu viel Salz erhöht den Blutdruck – und das bremst dich aus

Ein übermäßiger Salzkonsum kann auf Dauer zu Bluthochdruck führen. Das ist gefährlich für Herz und Gefäße, aber wirkt sich auch negativ auf deinen Stoffwechsel aus. Denn ein erhöhter Blutdruck belastet den gesamten Organismus und kann dazu führen, dass du dich abgeschlagen, weniger belastbar und träger fühlst. Bewegung fällt schwerer, Sporteinheiten werden anstrengender – und das wiederum hat Auswirkungen auf deinen Kalorienverbrauch. Weniger Salz bedeutet also auch: mehr Energie und bessere Trainingsleistungen.

Salzige Snacks verführen zum Überessen

Chips, Salzstangen, Fast Food oder Fertiggerichte – all diese Lebensmittel enthalten neben viel Salz meist auch Zucker und Fett. Die Kombination aus salzig und fettig hat eine hohe Suchtwirkung. Kaum einer hört bei einer Handvoll Chips auf – die Tüte ist schnell leer. Indem du deinen Salzkonsum reduzierst, machst du es dir leichter, genau diesen Lebensmitteln zu widerstehen. Dein Appetit auf stark verarbeitete Produkte nimmt ab – und du sparst automatisch Kalorien.

Weniger Salz = mehr Frische und Kontrolle

Die meisten Menschen denken beim Thema Salz an den Salzstreuer. Doch die wahre Gefahr lauert in verstecktem Salz: in Wurst, Käse, Brot, Soßen, Tütensuppen und Fertiggerichten. Wer seine Ernährung umstellen und abnehmen möchte, sollte so oft wie möglich selbst kochen. Denn nur so hast du die volle Kontrolle über deine Zutaten. Du kannst Salz bewusst dosieren und stattdessen mit frischen Kräutern, Zitrone oder Knoblauch würzen. Das macht dein Essen ngesünder und auch vielfältiger im Geschmack.

Ein geregelter Wasserhaushalt unterstützt die Fettverbrennung

Wie schon gesagt beeinflusst Salz, wie viel Wasser dein Körper speichert. Wenn du zu viel davon aufnimmst, hält dein Körper unnötig Flüssigkeit zurück – was wiederum das Herz-Kreislauf-System belasten und die Zellfunktionen beeinträchtigen kann. Ein ausgeglichener Wasserhaushalt ist wichtig für die Durchblutung und die Nährstoffversorgung der Zellen, aber auch für die Fettverbrennung. Weniger salzig zu essen und somit weniger Wasser einzulagern, bedeutet also, effektiver Fett abzubauen.

Deine Geschmacksknospen gewöhnen sich – versprochen!

Wenn du versuchst, salzarme Kost zu essen, schmeckt dir anfangs womöglich vieles fade. Das liegt nicht daran, dass das Essen schlecht ist – sondern an deiner Gewohnheit. Wer jahrelang stark salzig gegessen hat, nimmt feine Aromen nicht mehr wahr. Doch die gute Nachricht: Deine

Zunge kann sich umgewöhnen. Schon nach zwei bis drei Wochen reduziert sich das Verlangen nach Salz, genau wie beim Zucker, und du beginnst, natürliche Geschmäcker wieder intensiver wahrzunehmen. Ein echtes Plus auch für deine Genussfähigkeit.

Deine Nieren danken es dir

Die Nieren filtern täglich rund 1.800 Liter Blut. Bei zu hohem Salzkonsum geraten sie unter Druck, denn sie müssen das überschüssige Natrium mühsam ausscheiden. Auf Dauer kann das die Nierenfunktion beeinträchtigen. Eine eingeschränkte Nierenleistung wiederum wirkt sich negativ auf deinen Flüssigkeitshaushalt und auf die Entgiftungsprozesse aus – beides zentrale Stellschrauben beim Abnehmen.

Reduziertes Salz = reduzierte Blähungen

Salz kann – besonders in Kombination mit verarbeiteten Lebensmitteln – auch zu einem Blähbauch führen. Das gespeicherte Wasser macht sich nicht nur auf der Waage bemerkbar, sondern auch im Magen-Darm-Trakt. Ein aufgeblähtes Gefühl, Druck im Bauch und Völlegefühl sind die Folgen. Wer salzärmer isst, fühlt sich schlanker, leichter und wohler – eine wichtige Voraussetzung, um aktiv und motiviert am Ball zu bleiben.

Deine Gesundheit profitiert langfristig

Bluthochdruck, Herzprobleme, Schlaganfallrisiko, Nierenschäden – all das sind mögliche Langzeitfolgen eines dauerhaft zu hohen Salzkonsums. Wenn du deinen Salzkonsum jetzt reduzierst, senkst du nicht nur dein aktuelles Gewicht, sondern investierst auch in deine zukünftige Gesundheit. Du stärkst dein Herz, deine Gefäße und deine Organe – und gibst deinem Körper die besten Voraussetzungen für ein aktives langes Leben.

TIPP 71: REGELMÄSSIGE ESSENSZEITEN EINHALTEN

Regelmäßige Mahlzeiten geben deinem Tag Struktur und deinem Körper Sicherheit. Auch wenn es grundsätzlich wichtig ist, auf den eigenen Hunger zu hören, ist unser Alltag nicht immer dafür gemacht. Zwischen Job, Verpflichtungen und Zeitdruck bleibt oft keine Zeit, um in Ruhe zu spüren, was der Körper gerade braucht. Deshalb kann ein klarer Essensrhythmus enorm helfen – besonders dann, wenn du abnehmen möchtest.

Ein stabiler Blutzuckerspiegel ist die Grundlage für gesunde Entscheidungen

Der wichtigste Effekt fester Essenszeiten: Dein Blutzuckerspiegel bleibt konstant. Ohne große Schwankungen fühlst du dich länger satt, hast mehr Energie und wirst nicht von plötzlichen Heißhungerattacken überrollt. Wenn du hingegen zu lange nichts isst, fällt der Blutzucker ab – und dein Körper verlangt nach schneller Energie in Form von Zucker oder fettigem Essen. Das führt zu impulsiven Entscheidungen, die selten mit deinem Abnehmziel übereinstimmen.

Dein Stoffwechsel liebt Routine

Dein Körper ist ein Gewohnheitstier. Wenn du ihn regelmäßig mit Energie versorgst, stellt sich der Stoffwechsel darauf ein und arbeitet effizienter. Das bedeutet: Nährstoffe werden besser aufgenommen, Fettreserven gezielter genutzt und die Verdauung bleibt im Gleichgewicht. Unregelmäßige Essenszeiten bringen diesen Rhythmus durcheinander. Das kann sich in Form von Müdigkeit, Verdauungsproblemen oder plötzlichem Heißhunger zeigen. Ein gleichmäßiger Takt bringt Ruhe in deinen Stoffwechsel – was sich langfristig in deinem Körperfettanteil widerspiegeln kann.

Planbarkeit beugt Stress- und Überessen vor

Kennst du das? Du hast den ganzen Tag kaum gegessen, weil du ständig unterwegs oder beschäftigt warst – und am Abend überkommt dich der Bärenhunger. Du isst zu schnell, zu viel und fühlst dich danach müde und unwohl. Regelmäßige Essenszeiten helfen dir, genau das zu vermeiden. Du gibst deinem Tag Struktur, planst deine Mahlzeiten bewusst ein und kommst nicht in Versuchung, zwischendurch hektisch und unkontrolliert zu essen.

Vor allem in stressigen Phasen kann Meal-Prep Gold wert sein: Du weißt, was du wann isst, und hast immer eine gesunde Option parat. Das spart Zeit, Energie und verhindert Fehltritte, die sich sonst in Kalorien und schlechtem Gewissen äußern würden.

Gesunde Routinen machen gesunde Entscheidungen leichter

Je öfter du etwas wiederholst, desto mehr wird es zur Gewohnheit. Wenn du dich an feste Essenszeiten hältst, wird dein Körper mit der Zeit genau dann hungrig – und signalisiert dir, wann es Zeit für eine Pause ist.

Du bekommst eine bessere Wahrnehmung für dein Hungergefühl, lernst, bewusster zu essen, und reduzierst unkontrolliertes Snacken zwischendurch. Das ist besonders hilfreich, wenn du dich gerade erst neu strukturierst oder bisher zu unregelmäßig gegessen hast.

Du gewinnst Kontrolle zurück – auch emotional

Ein strukturierter Essensplan wirkt sich nicht nur auf den Körper, sondern auch auf die Psyche aus. Wenn du weißt, wann du isst, baust du Vertrauen auf – in dich selbst und in deinen Körper. Das stärkt deine Disziplin, fördert eine gesunde Beziehung zum Essen und nimmt Stress aus dem Thema Ernährung. Regelmäßige Mahlzeiten helfen dir außerdem, emotionales Essen zu erkennen und besser damit umzugehen. Denn du kannst unterscheiden: Habe ich wirklich Hunger – oder ist es einfach nur Gewohnheit, Langeweile oder Frust?

Deine Verdauung funktioniert am besten im Rhythmus

Auch dein Magen-Darm-System liebt Regelmäßigkeit. Wenn du deinen Verdauungstrakt zu unvorhersehbaren Zeiten mit Nahrung konfrontierst, kommt er aus dem Takt. Blähungen, Verstopfung oder Völlegefühl können die Folge sein. Regelmäßige Mahlzeiten hingegen fördern die Darmbewegung, verbessern die Nährstoffaufnahme und bringen dein Bauchgefühl wieder ins Gleichgewicht – im wahrsten Sinne des Wortes.

Klarer Rhythmus = weniger Snacks = weniger Kalorien

Wenn du deine Hauptmahlzeiten klar planst und einhältst, hast du weniger das Bedürfnis, zwischendurch etwas zu essen. So senkst du automatisch deine Kalorienaufnahme, ohne dass du dich einschränken musst oder hungrig fühlst. Und genau das ist der Schlüssel für eine langfristige und nachhaltige Gewichtsreduktion.

TIPP 72: KLEINE TELLER BEVORZUGEN

Klingt banal, ist aber unglaublich effektiv: Die Wahl des richtigen Tellers kann darüber entscheiden, wie viel du isst. In einem früheren Tipp habe ich bereits darüber gesprochen, wie wichtig es ist, die Portionsgrößen zu kontrollieren. Dieser Punkt geht nun noch gezielter auf eine der einfachsten Maßnahmen ein, um genau das zu erreichen. Und das Beste daran: Es funktioniert sogar im Urlaub. Ob am Buffet im Hotel oder bei der Familienfeier – greif zum kleinen Teller und beobachte, was passiert.

Optische Täuschung bewusst nutzen

Kleinere Teller lassen die Portion größer erscheinen. Klingt erstmal nach Hokuspokus, ist aber psychologisch gut untersucht. Wenn du dieselbe Menge Essen auf einem großen Teller servierst, wirkt sie kleiner. Auf einem kleinen Teller wirkt sie hingegen üppig. Das Gehirn bewertet also nicht nur, *was* du isst, sondern auch *wie es präsentiert wird*. Du trickst dein eigenes Unterbewusstsein aus – und das ganz ohne Verzicht.

Weniger ist manchmal mehr

Durch kleinere Teller isst du in der Regel tatsächlich weniger. Und das meist, ohne es wirklich zu bemerken. Du fühlst dich dennoch satt, weil der Teller leer gegessen wurde und dein Gehirn damit „Mission erfüllt" meldet. Das hilft, eine geringere Kalorienaufnahme zu erreichen, ohne dass du dich eingeschränkt fühlst.

Bewussteres Essen durch kleinere Portionen

Wer weniger auf dem Teller hat, isst oft langsamer. Du kaust gründlicher, nimmst den Geschmack intensiver wahr und registrierst besser, wann du satt bist. Das steigert nicht nur den Genuss, sondern auch die Achtsamkeit – zwei entscheidende Faktoren für nachhaltigen Abnehmerfolg.

Mehr Kontrolle, weniger Nachschlag

Kleine Teller geben dir einen besseren Überblick über Größe und Anzahl deiner Portionen. Anstatt sich direkt den Teller übervoll zu laden, zwingt dich das kleinere Format dazu, deine Mahlzeit zu überdenken. Du kannst jederzeit einen zweiten Teller holen – aber allein dieser zusätzliche Schritt sorgt dafür, dass du dich kurz fragst: „Brauche ich das wirklich noch?" Häufig lautet die Antwort: „Nein." Genau das reduziert unnötige Kalorien – ohne dass du dich geißeln musst.

Ein psychologischer Boost für deine Motivation

Ein voller Teller vermittelt das Gefühl: „Ich bekomme eine ordentliche Mahlzeit." Das hilft dir dabei, motiviert zu bleiben, besonders wenn du dich gerade in einer Phase der Umstellung befindest. Niemand möchte das Gefühl haben, verzichten zu müssen. Wenn du jedoch deinen Teller leer isst und dein Gehirn „alles gegessen" meldet, bleibt das Belohnungsgefühl trotz geringerer Kalorienmenge erhalten. Win-win.

Diese visuelle Strategie hilft dir nicht nur im Alltag, sondern auch im Urlaub, auf Feiern und überall dort, wo viel und gerne geschlemmt wird. Probiere es aus – du wirst überrascht sein, wie viel du dadurch erreichen kannst.

TIPP 73: EMOTIONALES ESSEN VERMEIDEN

Na, hast du schon darauf gewartet? In den bisherigen Tipps haben wir immer wieder das Thema „emotionales Essen" gestreift – jetzt bekommt es endlich seinen ganz eigenen Platz, den es verdient. Denn Hand aufs Herz: Wie oft greift man zum Schokoriegel oder zur Tüte Chips, obwohl man eigentlich gar keinen Hunger hat? Die gute Nachricht: Du bist damit nicht allein. Die noch bessere: Du kannst lernen, mit emotionalem Essen bewusst umzugehen, und es Schritt für Schritt ablegen.

Was ist emotionales Essen überhaupt?

Emotionales Essen bedeutet, dass du isst, um Gefühle zu bewältigen – nicht, weil dein Körper Nahrung braucht. Auslöser sind besonders Stress, Einsamkeit, Überforderung, Frust, Langeweile oder auch pure Gewohnheit. Das Problem: Das Essen stillt nicht die Emotion, sondern verdrängt sie nur – für einen Moment. Danach kommt häufig das schlechte Gewissen, und der Kreislauf beginnt von vorn.

Unkontrollierte Kalorienaufnahme

Wenn die Emotionen übernehmen, macht der Verstand eine Pause. Du isst mehr, als du brauchst – meist viel mehr. Und dabei greifst du nicht etwa zu Möhrensticks und Hummus, sondern zu stark verarbeiteten Lebensmitteln: Süßem, Fettigem, Salzigem. Diese haben eine besonders hohe Kaloriendichte und triggern unser Belohnungssystem im Gehirn. Kurzfristig fühlst du dich vielleicht besser – langfristig machen sie es dir aber schwer, Gewicht zu verlieren.

Fehlende Nährstoffe trotz vollen Bauches

Bei emotionalem Essen geht es nicht um Nährstoffzufuhr. Es geht um Befriedigung. Leider nimmst du dadurch kaum Vitamine, Mineralstoffe oder Ballaststoffe zu dir. Das kann langfristig zu Mangelerscheinungen führen, obwohl du von der Menge und den Kalorien eigentlich mehr als genug isst. Die Folge: Du fühlst dich schlapp, unkonzentriert, anfälliger für Stress – und das wiederum macht emotionales Essen wahrscheinlicher. Willkommen im Teufelskreis.

Wenn Gewohnheit zur Falle wird

Was als Ausnahme beginnt, wird schnell zur Gewohnheit. Heute ein Eis gegen den Stress im Job, morgen Chips gegen Frust oder Einsamkeit – übermorgen ist es schon ganz normal, in emotional schwierigen Momenten zum Essen zu greifen. Die gute Nachricht: Du kannst diese Muster durchbrechen. Aber dafür musst du die Auslöser kennen. Frag dich: „Was genau hat den Impuls ausgelöst? Was fühle ich wirklich? Und was würde mir jetzt guttun – außer Essen?"

Sättigungsgefühl? Fehlanzeige

Emotionales Essen läuft in aller Regel schnell und unachtsam ab. Du kaust kaum, du schmeckst kaum – du willst nur dieses Gefühl von „irgendwie besser". Aber dein Körper hat keine Chance, ein Sättigungssignal zu senden. Deshalb merkst du oft erst viel zu spät, dass du eigentlich längst satt bist. Das Resultat: ein unangenehmes Völlegefühl, vielleicht sogar Bauchweh – und ein schlechtes Gewissen obendrauf. All das hättest du vermeiden können, wenn du innegehalten hättest.

Schuldgefühle und psychischer Druck

Emotionales Essen ist nicht nur ein körperliches, sondern auch ein mentales Problem. Wer nach einem Essanfall von Schuldgefühlen überrollt wird, landet schnell in einem negativen Gedankenkarussell: „Ich hab's schon wieder nicht geschafft. Ich bin willensschwach. Ich werde nie abnehmen." Doch genau dieser Stress erhöht wieder die Wahrscheinlichkeit für den nächsten Essanfall. Du siehst, wie wichtig es ist, aus diesem Kreislauf auszubrechen und dir selbst mit Mitgefühl zu begegnen.

Einen alternativen Ausgleich finden

Das Ziel ist nicht, dich zu zwingen, *nie wieder* aus Emotionen zu essen. Das Ziel ist, Alternativen zu finden, mit denen du deine Emotionen auf gesunde Weise verarbeiten kannst. Bewegung, frische Luft, ein Gespräch mit einer vertrauten Person, Tagebuch schreiben, Musik hören, basteln, Breath Work, Meditation. Finde deine persönlichen Ventile, die dich in schwierigen Momenten auffangen – ohne Kalorien.

Denk immer daran: Emotionales Essen ist ein weit verbreitetes Phänomen – und kein Grund, sich zu verurteilen. Es zeigt nur, dass du auf der Suche nach emotionalem Ausgleich bist. Doch Essen ist keine nachhaltige Lösung für emotionale Probleme. Indem du lernst, deine Gefühle wahrzunehmen, zu verstehen und auf andere Weise damit umzugehen, schaffst du die Grundlage für ein gesundes Essverhalten und eine stabile Beziehung zu dir selbst. Nur so erreichst du dauerhaften Abnehmerfolg – ganz ohne Verbote, ganz ohne Schuld.

TIPP 74: NICHT AUS LANGEWEILE ESSEN

Hast du dich schon einmal dabei ertappt, dass du mit einem Snack in der Hand vor dem Fernseher sitzt – obwohl du eigentlich keinen Hunger hast? Oder dass du die Schublade mit den Süßigkeiten öffnest, nur weil gerade nichts Spannendes passiert? Willkommen im Club! Essen aus Langeweile ist ein unterschätzter, aber weit verbreiteter Stolperstein beim Abnehmen – und leider ein ziemlich tückischer. Deshalb bekommt auch dieses Thema jetzt seinen eigenen Platz.

Keine Sorge: Wenn du dir dieses Muster einmal bewusst machst, kannst du gezielt gegensteuern. Und ich verspreche dir: Du wirst dich nicht nur leichter fühlen, sondern auch unabhängiger und freier.

Kalorienaufnahme ohne echten Bedarf

Wenn du aus Langeweile isst, hat das mit Hunger nichts zu tun. Dein Körper verlangt keine Energie – aber dein Kopf sucht Beschäftigung. Das Problem: Diese Snacks liefern Kalorien, die du in dem Moment gar nicht brauchst. Und wohin wandert überschüssige Energie? Richtig – in die Fettdepots. So sabotierst du ganz unbewusst deinen Kalorienhaushalt und damit deinen Abnehmerfolg. Besonders heimtückisch: Die meisten greifen in solchen Momenten nicht zu einem Apfel, sondern zu Chips, Schokolade, Gummibärchen oder Keksen. Kaloriendichte trifft auf Bewegungsmangel. Keine gute Kombi.

Achtsamkeit? Fehlanzeige 2.0

Essen aus Langeweile passiert häufig nebenbei: beim Fernsehen, beim Scrollen am Handy, beim Warten. Man isst nicht bewusst – sondern wie ferngesteuert. Die Folge: Du registrierst weder, wie viel du isst, noch wie schnell – und über das „Was“ machst du dir erst recht keine Gedanken. Ehe du dich versiehst, ist eine ganze Tafel Schokolade leer oder der krümelige Boden der Chipstüte erreicht. Du bist weder satt noch zufrieden – sondern fühlst dich vollgestopft. Und dann kommt das schlechte Gewissen. Schon wieder.

Ein Teufelskreis aus Gewohnheit

Aus Langeweile zu essen wird schnell zur Gewohnheit. Du langweilst dich, du isst. Du sitzt rum, du naschst. Du brauchst Ablenkung, du snackst. Irgendwann wird diese Verbindung so stark, dass dein Körper beim ersten Anflug von Langeweile automatisch Appetit meldet – obwohl er eigentlich nichts braucht. Das nennt man eine konditionierte Reaktion. Die gute Nachricht: Du kannst sie dir genauso gut wieder abtrainieren. Alles beginnt mit Bewusstsein.

Ungesunde Lebensmittel ersetzen

Die Lebensmittelindustrie weiß, wie sie dich kriegt: mit Fett, Zucker, Salz und geschmacksintensiven Zusatzstoffen. Die Lösung? Hab solche Snacks am besten gar nicht erst im Haus. Was du nicht zu Hause hast, kannst du auch nicht essen – klingt banal, wirkt aber Wunder. Stattdessen bereite dir gesunde Alternativen vor.

Innere Leere vs. echter Hunger

Langeweile ist oft ein Zeichen für innere Leere. Das Gefühl: „Ich weiß nichts mit mir anzufangen." Und Essen wirkt da wie ein Lückenfüller – es lenkt ab, beruhigt, beschäftigt. Nur leider nicht lange. Denn die Leere ist danach immer noch da. Was hilft stattdessen? Finde erfüllende Tätigkeiten. Etwas, das dich fordert, inspiriert oder dir einfach Spaß bringt. Mach zum Beispiel einen Spaziergang, lies ein Buch, ruf einen Freund an, lerne ein Instrument oder eine Sprache. Spüre in dich hinein, vielleicht wird es Zeit für ein neues Hobby. Mal ehrlich – wann hast du zuletzt etwas zum ersten Mal gemacht?

Dein Kaloriendefizit steht auf dem Spiel

Essen aus Langeweile summiert sich. Ein paar Chips hier, ein Riegel da – klingt nach wenig, aber am Ende des Tages kann es locker mehrere hundert Kalorien ausmachen. Und damit ist dein sorgfältig geplantes Kaloriendefizit im Eimer. Umso ärgerlicher, wenn du bei deinen Hauptmahlzeiten eigentlich alles richtig gemacht hast. Deshalb: Mach dir bewusst, wie viel du wirklich isst – und wann. Ein Ernährungstagebuch oder eine Tracking-App können helfen, den Überblick zu behalten.

Und vor allem: Sei ehrlich zu dir selbst. Denn der erste Schritt zur Veränderung ist immer das Erkennen des Problems.

TIPP 75: UNGESUNDE SPONTANKÄUFE ABSTELLEN

Wer kennt es nicht: Man geht nur mal „kurz" einkaufen und kommt mit Tüten voller Dinge zurück, die man gar nicht geplant hatte – darunter gern auch die ein oder andere Kalorienbombe. Wenn du abnehmen willst, ist planloses Einkaufen einer deiner größten Gegner. Spontane Entscheidungen im Supermarkt fallen nämlich selten gesund aus – vor allem dann nicht, wenn man hungrig, gestresst oder einfach überfordert von der riesigen Auswahl ist.

Eine Einkaufsliste kann hier Wunder wirken. Sie ist nicht nur eine einfache Gedächtnisstütze, sondern ein wirksames Werkzeug zur Selbstkontrolle, das dir hilft, deine Ernährung gezielt zu steuern, Versuchungen zu umgehen und dabei auch noch Zeit und Geld zu sparen. Besonders hilfreich ist sie dann, wenn du deine Mahlzeiten im Voraus planst oder sogar nach einem konkreten Ernährungsplan arbeitest – zum Beispiel im Rahmen eines Coachings oder durch Meal-Prep.

Gezielte Planung gesunder Mahlzeiten

Mit einer Einkaufsliste entscheidest du dich schon zu Hause bewusst für gesunde Mahlzeiten. Du planst vorab, was du in den nächsten Tagen essen möchtest, und wählst entsprechend die nötigen Zutaten aus. Dadurch sinkt das Risiko, dass du zu ungesunden Alternativen greifst, weil dir zu Hause plötzlich eine Zutat fehlt oder du keine Idee für ein schnelles gesundes Gericht hast. Wer gezielt einkauft, kann gezielt kochen – und das zahlt sich langfristig in jeder Hinsicht aus.

Vermeidung von impulsiven Käufen

Supermärkte sind genau darauf ausgelegt, uns zu unüberlegten Spontankäufen zu verführen – mit Sonderangeboten, bunten Verpackungen und strategisch platzierten Verlockungen an der Kasse. Mit einer Einkaufsliste hast du ein klares Ziel vor Augen und lässt dich weniger schnell aus der

Bahn werfen. Du bleibst fokussierter, weil du weißt, was du brauchst – und was eben nicht.

Kontrolle über die Kalorienzufuhr

Wer sich an eine Einkaufsliste hält, kauft automatisch bewusster und meist auch kalorienärmer ein. Statt wahllos Dinge in den Wagen zu werfen, die vielleicht später im Heißhunger verputzt werden, entscheidest du dich aktiv für Lebensmittel, die zu deinem Abnehmziel passen – also frisches Gemüse, Vollkornprodukte, mageres Eiweiß und gesunde Fette. Die Kontrolle beginnt somit nicht erst auf dem Teller, sondern schon im Supermarkt.

Förderung einer ausgewogenen Ernährung

Eine gute Einkaufsliste enthält eine ausgewogene Mischung aus allen Nährstoffgruppen. Wer regelmäßig mit Liste einkauft, denkt fast von selbst an die Basics: Gemüse, Obst, Proteine, komplexe Kohlenhydrate. Auch gesunde Snacks wie Nüsse oder Naturjoghurt lassen sich gezielt einplanen. So entsteht mit der Zeit ein besseres Gefühl für gesunde Ernährung – ohne ständigen Verzicht oder komplizierte Regeln.

Zeit- und Geldersparnis

Mit Liste einzukaufen, spart dir auch Zeit und Geld. Du gehst strukturierter durch den Laden, brauchst keine endlosen Überlegungen zu Produkten oder Rezepten und vermeidest es, doppelte oder unnötige Dinge zu kaufen. Somit landen seltener Dinge im Müll, weil du wirklich nur das kaufst, was du brauchst – ideal auch für alle, die ihr Haushaltsbudget im Blick behalten wollen oder genorell (wie ich) Gegner von Lebensmittelverschwendung sind. Damit direkt zum nächsten Punkt.

Vermeiden von Essensverschwendung

Gerade bei frischen Lebensmitteln ist ein klarer Plan Gold wert. Wer ohne Liste einkauft, läuft Gefahr, zu viel oder planlos einzukaufen – mit dem Ergebnis, dass Lebensmittel verderben, bevor sie verwendet werden. Mit einer Liste planst du realistischer und zielgerichteter. Du vermeidest Übermengen und hast am Ende der Woche keinen halbvollen Kühlschrank mit verdorbenem Gemüse oder angebrochenen Produkten, die keiner mehr isst.

Unterstützung bei der Selbstdisziplin

Nicht zuletzt trainierst du mit der konsequenten Nutzung einer Einkaufsliste auch deine Selbstdisziplin. Du wirst dir deiner Entscheidungen bewusster und stärkst mit jedem gezielten Einkauf dein Vertrauen in dich selbst. Jeder Supermarktbummel wird so zur kleinen Übung in Selbstverantwortung – und das wirkt sich positiv auf alle Lebensbereiche aus.

Nutze diesen einfachen, aber effektiven Trick – du wirst den Unterschied körperlich und mental spüren.

TIPP 76: NICHT HUNGRIG EINKAUFEN GEHEN

Wenn du nur einen einzigen Fehler vermeiden möchtest, der dich immer wieder unbemerkt in die Kalorienfalle tappen lässt, dann ist es dieser: hungrig einkaufen. Klingt banal? Vielleicht. Aber die Auswirkungen sind gewaltig. Wer mit knurrendem Magen durch die Regale schlendert, trifft selten rationale Entscheidungen – sondern lässt sich von spontanen Gelüsten und impulsiven Gedanken leiten. Das Einkaufsverhalten verändert sich spürbar, und meist nicht zu deinem Vorteil.

Wenn du hungrig bist, ist dein Körper in Alarmbereitschaft

Ein hungriger Körper verlangt nach Energie – und zwar sofort. Das bedeutet: Dein Gehirn ist darauf programmiert, kalorienreiche, energiedichte Lebensmittel besonders attraktiv zu finden. Fertiggerichte, Süßigkeiten, salzige Snacks – all das wird plötzlich viel verlockender als sonst. Und weil der Körper gerade nicht daran interessiert ist, auf langfristige Gesundheit zu achten, sondern einfach nur „überleben" will, landest du im Nu bei den falschen Produkten.

Und selbst wenn du dich nach dem Kauf erstmal doch beherrschen kannst – was du im Haus hast, isst du früher oder später auch. Das heißt: Kaufst du ungesunde Snacks ein, weil du hungrig warst, wirst du sie höchstwahrscheinlich auch essen, selbst wenn du es eigentlich gar nicht willst. Was also tun?

Iss eine Kleinigkeit, bevor du losgehst

Die Lösung ist ganz einfach: Geh nicht hungrig los. Es muss kein Drei-Gänge-Menü sein, ein gesunder Snack reicht völlig. Ein Apfel, eine Handvoll

Nüsse oder ein Joghurt kann bereits helfen, dein Hungergefühl zu zähmen und deinen Kopf wieder klar denken zu lassen. Wenn dein Blutzuckerspiegel stabil ist, denkst du langfristiger, triffst rationalere Entscheidungen und bleibst eher bei dem, was auf deiner Einkaufsliste steht – falls du sie geschrieben hast (siehe Tipp 75).

Ein weiterer Nebeneffekt: Du kaufst automatisch weniger und gezielter ein. Hungrige Menschen neigen dazu, mehr zu kaufen – aus Angst, später wieder „nichts da zu haben". Das Ergebnis: Dein Einkaufswagen ist voll, dein Portemonnaie leer, und dein Küchenschrank steht voller Dinge, die du eigentlich meiden wolltest.

Die Gefahr lauert übrigens nicht nur in der Chipstüte oder der Schokoladentafel. Auch scheinbar „gesunde" Lebensmittel werden schnell zur Kalorienfalle, wenn du sie aus Heißhunger kaufst – und dann in großen Mengen isst. Eine Packung Nüsse zum Beispiel kann durchaus gesund sein, enthält aber auch schnell 500 Kalorien. Wer hungrig einkauft, verliert leicht den Überblick.

Der Klassiker: Du gehst nur schnell los, um Brot zu kaufen – und kommst mit Croissants, zwei Riegeln, einer Tiefkühlpizza und einer Packung Eiscreme zurück. Und warum? Weil dein Magen in diesem Moment das Kommando übernommen hat. Wenn du vermeiden möchtest, dass deine Emotionen und dein Hunger deine Ziele sabotieren, dann iss vorher etwas und geh vorbereitet los.

Geh nicht nur satt,
sondern auch mit einem klaren Plan einkaufen

Kombiniere diesen Tipp mit Tipp 75 – also deiner Einkaufsliste – und du wirst sehen, wie viel strukturierter, günstiger und gesünder du deinen Einkauf gestaltest. Und was du nicht einkaufst, kann dich zu Hause auch nicht verführen.

Denk immer daran: Ein voller Bauch trifft bessere Entscheidungen.

TIPP 77: DETOX-TAG MIT VIEL GEMÜSE UND WASSER

Wenn du deinen Körper nicht nur mit gesunder Ernährung unterstützen, sondern ihm zwischendurch auch gezielt eine kleine Verschnaufpause gönnen möchtest, dann kann ein Detox-Tag genau das Richtige für dich sein. Dabei geht es nicht um radikale Saftkuren oder extremes Fasten, vielmehr um einen sanften Tag der Entlastung – mit viel frischem Gemüse, ausreichend Wasser und dem klaren Ziel: den Organismus zu entlasten, neu zu starten und den Stoffwechsel zu beleben.

Der grosse Vorteil eines solchen Tages

Du führst deinem Körper hochwertige Nährstoffe zu, während du gleichzeitig auf alles verzichtest, was ihn sonst belastet. Kein Zucker, keine Zusatzstoffe, kein Junkfood. Stattdessen: natürliche Lebensmittel, möglichst unverarbeitet und nährstoffreich. Dabei sind vor allem grüne Gemüsesorten wie Brokkoli, Spinat, Zucchini oder Gurke ideal, da sie reich an Ballaststoffen, Vitaminen und Mineralstoffen sind – und dabei kaum Kalorien enthalten.

Ein solcher Detox-Tag wirkt auf mehreren Ebenen. Zum einen gibst du deinem Verdauungssystem eine Pause. Wer häufig schwer verdauliche, fettige oder verarbeitete Speisen isst, überfordert damit Magen, Darm, Leber und Nieren. Durch einen Detox-Tag mit leichten Speisen wie Gemüsesuppen, gedünstetem Gemüse oder frischen Salaten entlastest du deinen Körper und hilfst ihm, seine natürlichen Reinigungsprozesse zu beschleunigen.

Zum anderen wirkt der hohe Wasseranteil in Gemüse – kombiniert mit einer ausreichenden Trinkmenge von mindestens zwei bis drei Litern Wasser oder ungesüßtem Kräutertee – entwässernd und entschlackend. Wassereinlagerungen, die dich träge machen oder sich als zusätzliches Gewicht auf der Waage bemerkbar machen, werden reduziert. Du fühlst dich oft schon nach einem einzigen Tag leichter und energiegeladener.

Ein Detox-Tag hilft dir auch, deine Ernährung achtsamer zu gestalten. Du nimmst dir bewusst Zeit für das, was du isst. Du hörst besser auf deinen Körper und entwickelst ein neues Gefühl dafür, welche Lebensmittel dir wirklich guttun. Viele berichten nach einem Detox-Tag nicht nur von mehr Leichtigkeit, sondern auch von einer verbesserten Konzentration und Klarheit im Kopf – ein schöner Nebeneffekt.

Ganz wichtig dabei:
Ein Detox-Tag ist kein Wundermittel

Er ersetzt keine langfristige Umstellung, sondern unterstützt sie. Wenn du einmal pro Woche – etwa nach einem sehr üppigen Wochenende oder einer Feier – einen solchen Tag einlegst, kannst du kleine Ausrutscher wieder ausgleichen und deinem Körper einen gesunden Rhythmus zurückgeben. Es geht dabei nicht darum, sich zu kasteien oder „Sünden" zu büßen, sondern darum, bewusst innezuhalten und sich etwas Gutes zu tun.

Aber Achtung: Detox ist nicht dazu gedacht, dauerhaft durchgeführt zu werden. Ein Tag ist völlig ausreichend, maximal zwei. Denn du nimmst an so einem Tag wenig Energie und in der Regel auch kaum Proteine auf – beides ist aber langfristig notwendig, damit dein Körper leistungsfähig bleibt, Muskeln aufbauen oder erhalten kann und du dich allgemein fit fühlst.

Wenn du dir also etwas Gutes tun möchtest – für deine Gesundheit, deinen Körper und dein Wohlbefinden –, dann plane dir regelmäßig, aber nicht übermäßig einen Detox-Tag ein. Starte zum Beispiel mit einem grünen Smoothie oder einem warmen Kräutertee in den Tag, genieße mittags eine leichte Gemüsesuppe und abends einen großen Salat mit Rohkost, etwas

Avocado und Zitronensaft. Und das Wichtigste: Trinke viel. Wasser ist das beste Detox-Mittel, das es gibt – und aus der Leitung sogar nahezu kostenlos.

TIPP 78: FAST FOOD MEIDEN

Weiß doch jeder, oder? Dieser Punkt ist mir persönlich aber besonders wichtig, gerade weil er so simpel klingt und doch eine enorme Wirkung auf deinen Abnehmerfolg haben kann. Und keine Sorge – wie ich schon am Anfang des Buches erwähnte, bin ich kein Freund von starren Verboten oder dem moralischen Zeigefinger. Letztlich bist du der Boss über deinen Körper. Du entscheidest, womit du ihn fütterst, und wirst früher oder später spüren, welche Konsequenzen dein Essverhalten mit sich bringt – im Positiven wie im Negativen.

Wenn du es schaffst, Fast Food weitgehend aus deinem Alltag zu verbannen, wirst du nicht nur deiner Figur, sondern auch deiner Gesundheit und deinem Geldbeutel einen großen Gefallen tun. Ein Menü bei einer bekannten Fast-Food-Kette kostet mittlerweile locker 10 Euro – sättigt aber kaum länger als eine Stunde. Das steht in keinem Verhältnis zu einer ausgewogenen Mahlzeit, die du dir selbst zubereitest.

Doch was macht Fast Food so problematisch? Und warum ist der Verzicht darauf ein echter Gamechanger beim Abnehmen? Lass uns das mal genau anschauen.

Hoher Kaloriengehalt bei geringer Sättigung

Viele Fast-Food-Gerichte wirken auf den ersten Blick gar nicht so üppig. Ein Burger, eine Portion Pommes, ein Getränk – das scheint überschaubar. Doch in Summe liefert so ein Menü schnell 1.000 Kalorien oder mehr. Ein Fast-Food-Menü macht dich trotzdem oft nicht wirklich satt. Du fühlst dich vielleicht kurzfristig voll, aber nach ein bis zwei Stunden kommt der Hunger zurück. Der Grund: Es fehlt an Ballaststoffen, komplexen Kohlenhydraten und hochwertigen Proteinen. Diese Makronährstoffe sorgen eigentlich dafür, dass du länger satt bleibst. Beim Fast Food bleiben sie leider oft auf der Strecke.

Versteckte Fette und Zucker

Besonders tückisch: Die vielen versteckten Kalorien. Ob in der Panade, in cremigen Saucen oder in zuckrigen Softdrinks – Fast Food steckt voller Fette und Zucker, die auf der Zutatenliste oft ganz harmlos aussehen. Sogar ein scheinbar gesunder Salat kann durch Dressing, Croutons und Käse schnell zur Kalorienfalle werden. Wenn du denkst, du triffst eine gute Wahl, wirst du also leicht ausgetrickst.

Geringer Nährwert

Fast Food ist ein klassisches Beispiel für sogenannte „leere Kalorien". Du nimmst Energie auf, aber kaum Vitamine, Mineralstoffe oder sekundäre Pflanzenstoffe. Die Folge: Dein Körper ist schlecht versorgt – und meldet sich bald wieder mit Hunger. Denn eigentlich fehlt ihm nicht mehr Energie, sondern Mikronährstoffe. Das führt zu einem Teufelskreis aus Essen ohne echte Befriedigung.

Förderung von Heißhungerattacken

Durch den hohen Anteil an schnell verdaulichen Kohlenhydraten steigt dein Blutzuckerspiegel rapide an – und fällt ebenso schnell wieder ab. Das Ergebnis: Heißhunger. Besonders problematisch ist das in Kombination mit dem geringen Sättigungsgrad vieler Fast-Food-Produkte. Du wirst also quasi dazu eingeladen, immer wieder zu essen – und zwar am liebsten wieder Fast Food.

Übermässiger Salzkonsum

Ein weiterer Punkt, der gerne übersehen wird, ist der hohe Salzgehalt vieler Fast-Food-Produkte. Salz bindet Wasser im Körper, und das bedeutet sowohl sichtbares und spürbares Aufquellen des Gewebes als auch mehr Gewicht auf der Waage. Wenn du regelmäßig Fast Food isst, überschreitest du sehr wahrscheinlich die empfohlene Tagesmenge an Salz. Die Folgen sind Wassereinlagerungen, Müdigkeit, ein träger Stoffwechsel und Bluthochdruck.

Förderung ungesunder Gewohnheiten

Fast Food ist bequem, schnell verfügbar – und gewöhnt dich an einen gewissen Geschmack. An viel Salz, viel Fett, viel Umami. Dein Gaumen stumpft ab und du verlierst die Lust an natürlichen Lebensmitteln. Außerdem wird die Schwelle immer niedriger, sich öfter „mal was zu gönnen". Schnell wird daraus eine tägliche Gewohnheit – und dann wird's kritisch.

Schwierige Portionskontrolle

Die Portionsgrößen in Fast-Food-Ketten sind meist so gestaltet, dass man zu viel isst. Du wirst aktiv dazu verleitet, größere Menüs zu wählen, weil es „nur einen Euro mehr kostet". Das Resultat: Du isst mehr, als du brauchst – und gewöhnst dich daran, größere Mengen als normal zu empfinden.

Langfristige Auswirkungen auf die Gesundheit

Der regelmäßige Konsum von Fast Food wirkt sich nicht nur auf dein Gewicht aus, sondern auch auf deine allgemeine Gesundheit. Studien zeigen Zusammenhänge mit Herz-Kreislauf-Erkrankungen, Typ 2-Diabetes, erhöhtem Cholesterin und mehr. Wenn du langfristig gesund, fit und schlank sein möchtest, solltest du besser einen großen Bogen darum machen. Willst du dazu mehr erfahren, empfehle ich dir den Film *Supersize me.*

Stell Qualität über Bequemlichkeit

Ich kann es nicht oft genug sagen: Fast Food kann kurzfristig Zeit sparen – aber es kostet dich auf lange Sicht deine Gesundheit, dein Wohlbefinden und deine Fortschritte beim Abnehmen. Wenn du Gewicht verlieren möchtest, dann ist der Verzicht auf Fast Food eine der wirkungsvollsten Entscheidungen, die du treffen kannst. Setze stattdessen auf frische, selbst zubereitete Mahlzeiten. Du weißt dann, was drin ist, kannst die Qualität selbst bestimmen und lernst gleichzeitig den Wert guter Ernährung wieder zu schätzen. Dein Körper wird es dir danken – versprochen.

TIPP 79: BIO-PRODUKTE BEVORZUGEN

Bio ist längst mehr als nur ein Trend für Öko-Enthusiasten. Es ist eine bewusste Entscheidung für mehr Gesundheit, Qualität und Nachhaltigkeit – und ein wichtiger Hebel, wenn du langfristig abnehmen und deinen Körper mit dem versorgen möchtest, was er wirklich braucht.

Vielleicht hast du dich auch schon gefragt, ob sich der höhere Preis für Bio-Produkte wirklich lohnt. Oder du hast das Klischee im Kopf, dass „Bio nur für Besserverdiener" ist. Lass mich dir zeigen, warum Bio-Lebensmittel dir auf deinem Weg zu einem gesünderen Ich tatsächlich helfen können – ganz ohne esoterischen Schnickschnack.

Frei von schädlichen Pestiziden und Chemikalien

Einer der größten Pluspunkte bei Bio-Produkten ist der Verzicht auf synthetische Pestizide und chemische Düngemittel. Konventionell angebautes Obst und Gemüse enthält häufig Rückstände dieser Stoffe, und auch wenn sie in Deutschland streng geregelt sind, gelangen sie trotzdem über Jahre hinweg regelmäßig in deinen Körper. Diese Belastungen können sich summieren und den Stoffwechsel, die Verdauung und sogar dein Hormonsystem negativ beeinflussen. Bio-Produkte entlasten deinen Körper – und das ist besonders dann hilfreich, wenn du abnehmen willst, denn dein Stoffwechsel soll ja möglichst effizient arbeiten.

Höherer Nährstoffgehalt

Bio-Lebensmittel – besonders Obst und Gemüse – enthalten oft mehr Vitamine, Mineralstoffe und Antioxidantien als ihre konventionellen Pendants. Studien deuten darauf hin, dass Bio-Produkte einen höheren Anteil an sekundären Pflanzenstoffen haben, die dein Immunsystem stärken und Entzündungen im Körper hemmen können. Und da viele dieser Mikronährstoffe für den Fettstoffwechsel, die Verdauung und den Energielevel entscheidend sind, ist eine nährstoffreiche Ernährung ein klarer Vorteil beim Abnehmen.

Unterstützung einer ausgewogenen Ernährung

Menschen, die regelmäßig Bio-Produkte kaufen, greifen in der Regel bewusster zu frischen, unverarbeiteten Lebensmitteln. Wenn du Bio einkaufst, entscheidest du dich automatisch öfter für Rohkost, für natürliche Zutaten, für echtes Essen. Du beginnst, anders zu kochen, anders zu würzen, und der Verzicht auf Fertigprodukte fällt dir plötzlich leichter, weil der Geschmack frischer Lebensmittel einfach überzeugt. Bio ist also nicht nur ein Label – es verändert deine ganze Esskultur.

Weniger hormonaktive Rückstände

Konventionelle Tierprodukte – wie Fleisch, Milch oder Eier – stammen oft von Tieren, die mit Antibiotika und Wachstumshormonen behandelt wurden. Rückstände davon landen über die Nahrung in deinem Körper und stören möglicherweise dein hormonelles Gleichgewicht. Wenn du Bio-Produkte wählst, kannst du dir sicher sein: Hier wurde auf solche Zusatzstoffe verzichtet. Und ein stabiles Hormonsystem ist beim Abnehmen Gold wert, weil es deinen Appetit, dein Hungergefühl und deine Fettverbrennung steuert.

Weniger künstliche Zusatzstoffe

In Bio-Produkten sind deutlich weniger künstliche Zusatzstoffe erlaubt. Kein Glutamat, keine Süßstoffe, keine künstlichen Farbstoffe – all das, was oft deinen Appetit anregt und dein natürliches Sättigungsgefühl stört, ist hier tabu. Du isst also natürlicher, ursprünglicher – und dein Körper kann besser erkennen, wann es genug ist.

Bessere Fettqualität

Gerade bei tierischen Bio-Produkten wie Fleisch, Milch oder Eiern ist die Zusammensetzung der Fette oft günstiger. Studien zeigen: Tiere aus Bio-Haltung haben in der Regel ein besseres Omega-3-zu-Omega-6-Verhältnis. Diese gesunden Fette wirken entzündungshemmend, unterstützen den Fettstoffwechsel und fördern die Herzgesundheit. Und das Beste: Du nimmst sie einfach über deine ganz normale Mahlzeit auf – ohne Nahrungsergänzungsmittel. Wobei ich jedem empfehle Omega-3 zu supplementieren, da eine ausreichende Menge über die normale Ernährung nur schwer erreicht werden kann. Daher biete ich es auch unter meinen Supplements auf 365upgrade.de an.

Länger anhaltende Sättigung

Durch die höhere Nährstoffdichte und den Verzicht auf Appetitanreger wie Glutamat oder künstliche Aromen fördern Bio-Produkte ein stabileres Sättigungsgefühl. Du isst bewusster, langsamer und bist schneller zufrieden. Ein einfacher Bio-Haferbrei mit frischen Beeren hält dich länger satt als jede gezuckerte Frühstücksflocke aus dem Supermarkt.

Bewusster Konsum, bessere Gewohnheiten

Bio ist nicht nur ein Ernährungsthema – es hat Einfluss auf dein ganzes Konsumverhalten. Wer bewusster einkauft, achtet auch auf Herkunft, Regionalität, Verpackung und Qualität. Du entwickelst eine Haltung, die dich auch in anderen Lebensbereichen achtsamer handeln lässt – beim Kochen, beim Shoppen, bei der Frage: „Brauche ich das wirklich?" Du entwickelst also Fähigkeiten, die du brauchst, um langfristig erfolgreich abzunehmen: Bewusstsein, Achtsamkeit, Klarheit.

Bio für dich – und für mehr als nur die Figur

Du musst nicht dein ganzes Leben umstellen und nur noch im Bio-Supermarkt einkaufen. Aber du kannst Schritt für Schritt mehr Qualität in deine Ernährung bringen – so wirst du spüren, wie sich dein Körper, deine Energie und auch deine Lust auf gesunde Lebensmittel verändern. Bio ist nicht nur gesünder, sondern oft auch schmackhafter, sättigender und einfach echter. Und was gut für deinen Körper ist, ist in diesem Fall auch gut für die Umwelt. Eine Win-win-Entscheidung, bei der du jeden Tag neu wählen kannst.

TIPP 80: REGIONAL UND SAISONAL KAUFEN

Vielleicht hast du es selbst schon mal gemerkt: Tomaten aus dem Supermarkt schmecken im Sommer irgendwie besser. Der Apfel vom Bauernmarkt ist knackiger, süßer, saftiger. Und das Gemüse vom Hofladen sieht nicht nur frischer aus, es hält sich auch länger im Kühlschrank. Das ist kein Zufall – es liegt daran, dass diese Lebensmittel nicht erst durch die halbe Welt transportiert wurden, sondern quasi direkt vom Feld auf deinen Teller kommen. Sie hatten Zeit auszuwachsen und wurden reif geerntet. Wer regional und saisonal einkauft, tut neben der Umwelt auch dem eigenen Körper einen großen Gefallen. Und ja – beim Abnehmen kann diese Entscheidung ebenfalls einen bedeutenden Unterschied machen.

Denn je frischer, natürlicher und unverarbeiteter deine Lebensmittel sind, desto besser versorgst du deinen Körper mit dem, was er wirklich braucht. Gleichzeitig reduzierst du den Konsum von versteckten Kalorien, unnötigen Zusatzstoffen und minderwertigen Inhaltsstoffen, die oft in Importware oder stark verarbeiteten Produkten stecken. Lass uns also genauer hinschauen, warum regionale und saisonale Lebensmittel deine Ernährung auf einen neuen Level heben – und dich deinem Zielgewicht ein großes Stück näher bringen können.

Frischere Lebensmittel mit mehr Geschmack

Wenn Obst und Gemüse aus der Region kommen und zum richtigen Zeitpunkt geerntet wurden, konnten sie unter optimalen Bedingungen reifen. Dadurch enthalten sie nicht nur mehr Nährstoffe, sondern schmecken auch deutlich intensiver. Im Gegensatz dazu wird Importware oft unreif geerntet, künstlich nachgereift und verliert dabei an Geschmack und Vitalstoffen. Dein Körper merkt den Unterschied – und deine Geschmacksnerven auch. Du isst lieber, mit mehr Genuss und tust deinem Körper dabei auch noch etwas Gutes.

Umweltschutz durch kürzere Transportwege

Regionale Produkte legen deutlich kürzere Strecken zurück, bevor sie bei dir auf dem Teller landen. Dadurch wird weniger CO_2 ausgestoßen, der Energieaufwand für Transport, Lagerung und Kühlung sinkt erheblich. Auch auf den Einsatz von Plastikverpackungen kann leichter verzichtet werden. Wer auf regionale Produkte setzt, entscheidet sich aktiv für mehr Nachhaltigkeit und weniger Umweltbelastung – ein kleiner Beitrag mit großer Wirkung.

Unterstützung der lokalen Wirtschaft

Mit deinem Einkauf von regionalen Lebensmitteln unterstützt du Landwirte, Produzenten und kleine Betriebe aus deiner Umgebung. Du förderst Arbeitsplätze, stärkst die regionale Wirtschaft und hilfst mit, traditionelle Strukturen zu erhalten. Ganz nebenbei baust du vielleicht sogar persönliche Beziehungen auf – zu Marktständen, Hofläden oder solidarischer Landwirtschaft. Es entsteht ein neues Gefühl von Verbundenheit zu dem, was du isst. Und genau dieses Bewusstsein ist oft ein wesentlicher Schritt zu einer nachhaltig gesünderen Ernährung.

Geld sparen durch saisonale Vielfalt

Saisonale Lebensmittel sind in ihrer Hauptsaison meist günstiger, da sie in größeren Mengen verfügbar sind und keine aufwendige Lagerung oder Einfuhr benötigen. Gleichzeitig hilft dir der saisonale Wechsel dabei, automatisch für mehr Abwechslung auf deinem Teller zu sorgen. Immer wieder neue Gemüse- und Obstsorten zu entdecken, hält deine Ernährung spannend und lässt dich neue Rezepte ausprobieren, die du vorher vielleicht nie gekocht hättest.

Weniger Verpackungsmüll, mehr Umweltbewusstsein

Viele regionale Lebensmittel – vor allem auf Wochenmärkten oder in Hofläden – bekommst du unverpackt oder in umweltfreundlicheren Verpackungen. Du sparst Plastik, reduzierst Müll und machst dir mehr Gedanken über deinen Konsum. Mit einem wiederverwendbaren Einkaufsbeutel und einem Korb bist du perfekt vorbereitet – und musst dich an der Kasse oder auf dem Heimweg auch nicht mehr über zerreißende Plastik- oder Papptüten ärgern.

Bewusster Konsum und Achtsamkeit

Wer saisonal isst, kommt in Kontakt mit den natürlichen Rhythmen der Natur. Du weißt wieder, wann Spargelzeit ist, wann die Erdbeeren reif sind oder wann es endlich wieder Kürbis gibt. Diese Verbindung zur Jahreszeit fördert ein achtsameres Essverhalten und bringt dir ein neues Gespür dafür, was dein Körper gerade wirklich braucht. Oft merkst du ganz intuitiv, dass dein Appetit im Winter eher zu warmen Suppen und im Sommer eher zu frischem Obst tendiert. Dein Körper ist klug – gib ihm, was zu seiner Zeit passt.

Bessere Nährstoffversorgung, natürliche Sättigung

Durch die Frische und Reife regionaler, saisonaler Produkte nimmst du automatisch mehr Vitamine und Mineralstoffe auf. Gleichzeitig liefern dir diese Lebensmittel eine gesunde Portion Ballaststoffe, die satt machen, die Verdauung fördern und Heißhungerattacken vorbeugen. So unterstützt du ganz nebenbei dein Kaloriendefizit und hilfst deinem Körper, in seiner natürlichen Balance zu bleiben.

Natürlich, bewusst und mit gutem Gefühl geniessen

Regional und saisonal einzukaufen ist keine komplizierte Wissenschaft – es ist ein Zurück zur Natur, zur Einfachheit, zu dem, was wirklich zählt. Du versorgst deinen Körper mit frischen, nährstoffreichen Lebensmitteln, reduzierst die Umweltbelastung, sparst Geld, stärkst deine Region und bringst Achtsamkeit in deinen Alltag. Gerade beim Abnehmen hilft dir das dabei, auf natürliche Weise zu essen, Überflüssiges wegzulassen und dich ganz automatisch gesünder zu ernähren. Wenn du das nächste Mal im Supermarkt stehst oder über den Wochenmarkt schlenderst, denk daran: Dein Einkauf ist eine Entscheidung – für deinen Körper, für dein Ziel und für die Welt, in der du leben willst.

Back to Basics ist eines meiner Grundprinzipien und ich habe dafür im Übrigen auch einen 12-Wochen-Workshop entwickelt. Wenn du daran Interesse hast, kannst du mich gerne kontaktieren.

TIPP 81: SÜSSIGKEITEN DURCH OBST ERSETZEN

Für viele Menschen gehört Süßes einfach zum Alltag – ob als kleine Belohnung zwischendurch, als Trostspender in stressigen Phasen oder aus reiner Gewohnheit. Der Griff zur Schokolade oder zum Gummibärchen passiert meist ganz automatisch, doch beim Abnehmen wird genau dieser Automatismus zum Problem. Süßigkeiten sind oft wahre Kalorienbomben, liefern dabei aber kaum wertvolle Nährstoffe. Gleichzeitig steigt durch den enthaltenen Zucker der Insulinspiegel schnell an – und fällt ebenso schnell wieder, was zu Heißhungerattacken führen kann.

Die gute Nachricht ist: Du musst nicht auf Süßes verzichten, um erfolgreich abzunehmen. Obst ist eine gesunde Alternative, die deinen Süßhunger stillen kann und dabei auch noch viele Vorteile für deinen Körper mit sich bringt.

Weniger Kalorien, aber voller Geschmack

Obst enthält – wie Süßigkeiten – Zucker. Allerdings handelt es sich hierbei um natürlichen Fruchtzucker, der in Kombination mit Wasser, Ballaststoffen und wertvollen Mikronährstoffen aufgenommen wird. Während ein kleiner Schokoriegel schnell 250 bis 300 Kalorien liefert, bleibt ein Apfel mit rund 80 Kalorien eine schlanke, aber ebenso süße Option. Der süße Geschmack bleibt dir also erhalten, aber die Kalorienbilanz fällt deutlich besser aus. Und Hand aufs Herz: Reife Erdbeeren, eine saftige Orange oder kühle Wassermelone sind doch mindestens genauso lecker, oder?

Ballaststoffe sorgen für längere Sättigung

Obst hat einen entscheidenden Vorteil gegenüber industriell hergestellten Süßwaren: Es enthält Ballaststoffe, die den Blutzuckerspiegel stabil halten und das Sättigungsgefühl verlängern. Du bist also nicht nur kurzzeitig zufrieden, sondern bleibst auch länger satt. Das hilft dir dabei, Heißhunger zu vermeiden und unkontrolliertes Snacken zu reduzieren. Ein Apfel oder eine Birne als Nachspeise oder Nachmittagssnack kann hier Wunder wirken.

Vitamine statt Zusatzstoffe

Während Süßigkeiten oft mit künstlichen Aromen, Konservierungsstoffen und ungesunden Fetten vollgepackt sind, versorgt dich Obst mit Vitaminen, Mineralstoffen und Antioxidantien. Diese stärken dein Immunsystem, fördern die Verdauung und unterstützen deinen Körper bei der Fettverbrennung. Besonders Beeren, Zitrusfrüchte und Kiwis punkten mit einem hohen Vitamin-C-Gehalt – und bringen ganz nebenbei Farbe und Frische auf deinen Speiseplan.

Heisshunger vorbeugen durch natürlichen Zucker

Süßigkeiten lösen häufig eine ungesunde Spirale aus: Zuckerrausch – Insulinanstieg – Energieschub – schneller Abfall – erneuter Hunger. Obst hingegen liefert Energie auf eine sanftere, stabilere Weise. Der enthaltene Fruchtzucker gelangt langsamer in den Blutkreislauf, sodass du länger konzentriert und leistungsfähig bleibst. Wenn du also das nächste Mal Lust auf etwas Süßes verspürst, greif lieber zur Banane als zur Schokowaffel. Dein Körper wird es dir danken – und dein Energielevel auch.

Bewusster Genuss statt schlechtem Gewissen

Süßigkeiten werden oft nebenbei verzehrt – am Schreibtisch, vor dem Fernseher oder unterwegs. Obst hingegen wird in der Regel bewusster gegessen. Schon das Schälen einer Orange oder das Schneiden eines Apfels macht die Pause zu einem kurzen Moment der Achtsamkeit. Du nimmst dir bewusst Zeit für deinen Snack, kaust langsamer und genießt den Geschmack. So wird das Naschen zu einem aktiven Genussmoment, statt zu einer unkontrollierten Kalorienfalle.

Nachhaltige Veränderung durch neue Gewohnheiten

Wer regelmäßig Obst isst, entwickelt mit der Zeit eine Vorliebe für natürliche Süße und spürt weniger Verlangen nach industriell hergestellten Süßigkeiten. Dieser Effekt stellt sich allerdings nicht über Nacht ein. Gib dir ein paar Wochen Zeit – etwa drei bis vier –, in denen du gezielt auf Schokolade & Co. verzichtest und stattdessen zu Obst greifst. Du wirst sehen: Dein Geschmackssinn passt sich an, und die Lust auf stark gesüßte Produkte nimmt spürbar ab.

Gesundheitliche Vorteile weit über das Abnehmen hinaus

Mit Obst tust du nicht nur deiner Figur etwas Gutes, sondern unterstützt deine Gesundheit auf vielen Ebenen. Das Risiko für Herz-Kreislauf-Erkrankungen, Diabetes und Verdauungsprobleme sinkt deutlich, wenn du deinen Zuckerkonsum reduzierst. Eine Ernährung mit viel frischem Obst sorgt für mehr Energie, bessere Konzentration und ein stärkeres Immunsystem. Du fühlst dich insgesamt fitter, wacher und wohler – was wiederum deine Motivation stärkt, noch mehr für dich zu tun und dranzubleiben.

Die Umstellung mag anfangs eine Herausforderung sein, aber sie lohnt sich. Mach dir bewusst: Du verzichtest nicht – du entscheidest dich aktiv für etwas Besseres. Und genau dieser Perspektivwechsel macht am Ende den Unterschied.

TIPP 82: NAHRUNGSERGÄNZUNGSMITTEL – SCHNICKSCHNACK ODER SINNVOLL?

Früher oder später begegnet man bei den Themen Abnehmen, Leistungsfähigkeit und Gesundheit unweigerlich auch der Frage, ob Nahrungsergänzungsmittel notwendig oder zumindest hilfreich sein können. Die Werbung verspricht Wunder, die Realität ist jedoch komplexer. In diesem Kapitel möchte ich dir einen fundierten Überblick geben und dich dabei unterstützen, eine klare Haltung zu entwickeln. Du brauchst keine Tablettenschachtel mit unzähligen Pillen zum

Frühstück, aber du solltest wissen, wann eine gezielte Supplementierung sinnvoll sein kann – und wann sie einfach überflüssig ist.

Auch wenn ich nicht auf alle existierenden Supplemente eingehen kann (das würde den Rahmen sprengen), findest du hier die häufigsten und relevantesten Ergänzungen, mit denen sich auch der Abnehmprozess sinnvoll unterstützen lässt – vorausgesetzt, die Basis stimmt.

Für eine genauere Beratung zum Thema Nahrungsergänzungsmittel melde dich gerne bei mir oder schaue direkt auf meiner Seite www.365upgrade.de vorbei, wo ich ausgewählte Supplements anbiete, die ich für sinnvoll und wichtig halte.

Kein Ersatz für eine gesunde Ernährung

Bevor wir ins Detail gehen, ein wichtiger Grundsatz: Nahrungsergänzungsmittel sind, wie der Name schon sagt, eine Ergänzung – kein Ersatz. Sie können dabei helfen, Lücken zu füllen, aber sie heilen keine schlechten Essgewohnheiten. Wenn deine Ernährung dauerhaft unausgewogen ist, helfen dir auch keine Pillen weiter. Die Grundlage sollte immer eine nährstoffreiche, abwechslungsreiche Ernährung sein. Erst wenn hier Defizite bestehen oder ein erhöhter Bedarf nachgewiesen ist, macht es Sinn, über Supplemente nachzudenken.

Wann Nahrungsergänzung sinnvoll sein kann

Es gibt Lebensphasen oder individuelle Umstände, in denen dein Körper mehr braucht, als du über die Ernährung decken kannst:

- Bei **intensivem Sport, Stress oder Schlafmangel**.
- In **besonderen Lebensphasen** wie Schwangerschaft, Stillzeit oder im Alter.
- Bei **bestimmten Ernährungsformen**, etwa vegan oder vegetarisch.
- Wenn **Mangelerscheinungen diagnostiziert** wurden.
- Bei **körperlichen Symptomen** wie Müdigkeit, Konzentrationsproblemen oder Verdauungsbeschwerden.

Gerade wer abnehmen möchte und dabei Kalorien reduziert, muss besonders gut darauf achten, den Körper trotzdem mit allen wichtigen Mikronährstoffen zu versorgen.

Diese Nahrungsergänzungen sind häufig sinnvoll

Vitamin D

Für jeden wichtig! Gerade in unseren Breitengraden ist ein Mangel vorprogrammiert – besonders in der dunklen Jahreszeit. Vitamin D wird größtenteils über Sonnenlicht gebildet, doch dafür müssten wir uns regelmäßig mit möglichst viel nackter Haut in der Sonne aufhalten – was im Alltag durch Job und Witterung kaum machbar ist. Die Einnahme eines hochwertigen D3-Präparats – idealerweise in Kombination mit K2 und Fetten, denn beides sind fettlösliche Vitamine – kann die Stimmung verbessern, das Immunsystem stärken und sich positiv auf Knochen, Muskeln und dein allgemeines Wohlbefinden auswirken.

Magnesium

Ein echtes Entspannungs-Mineral. Es hilft bei Muskelkrämpfen, innerer Unruhe, Schlafproblemen und chronischem Stress. Besonders Sportler, gestresste Menschen und Personen mit Schlafmangel profitieren von einer zusätzlichen Zufuhr. Auch bei Kopfschmerzen oder PMS kann Magnesium eine positive Wirkung entfalten. Wichtig ist, auf eine gut bioverfügbare Form wie Magnesiumcitrat oder -glycinat zu achten.

Omega-3

Auch hier hat fast jeder einen Mangel. Diese mehrfach ungesättigten Fettsäuren sind in der westlichen Ernährung meist stark unterrepräsentiert. Besonders wenn du selten Fisch isst, lohnt sich die Ergänzung über ein hochwertiges Fischöl oder pflanzliches Algenöl. Omega-3 wirkt entzündungshemmend, unterstützt Gehirn, Herz und Augen und bringt das Verhältnis zu Omega-6-Fettsäuren wieder ins Gleichgewicht. Das ist besonders wichtig, wenn du deinen Stoffwechsel optimieren und Entzündungsprozesse im Körper reduzieren möchtest.

Zink

Zink ist an unzähligen Prozessen im Körper beteiligt – von der Immunabwehr über die Hautregeneration bis hin zur Hormonregulation. Es kann bei Infektanfälligkeit, Hautunreinheiten, Haarausfall oder Konzentrationsproblemen helfen. Vegetarier und Veganer haben hier häufig einen erhöhten Bedarf, ebenso Menschen mit chronischem Stress oder bestimmten Darmerkrankungen.

Proteinpulver

Kein Muss, aber ein praktischer Helfer – gerade in stressigen Phasen oder wenn du bewusst auf deine Eiweißzufuhr achten möchtest. Proteinshakes sind schnell zubereitet, vergleichsweise günstig und machen lange satt. Sie helfen, die Muskelmasse zu erhalten, unterstützen die Regeneration nach dem Training und können dir dabei helfen, Heißhunger zu vermeiden. Achte auf Qualität und auf deine individuelle Verträglichkeit – egal ob Whey, Casein oder eine pflanzliche Alternative wie Erbsen- oder Reisprotein.

Eisen

Besonders Frauen im gebärfähigen Alter, Schwangere, Stillende, Sportler sowie Menschen mit veganer oder vegetarischer Ernährung sollten ihren Eisenstatus im Blick behalten. Ein Mangel kann zu Müdigkeit, Schwäche, Haarausfall oder Konzentrationsstörungen führen. Eisenpräparate sollten jedoch nur nach einer Blutuntersuchung und in Absprache mit einem Arzt eingenommen werden, denn eine Überdosierung kann schaden.

Vitamin C

Ein echter Klassiker. Es stärkt das Immunsystem, unterstützt die Kollagenbildung für Haut, Gelenke und Blutgefäße, verbessert die Eisenaufnahme und wirkt antioxidativ. In Zeiten von Stress oder erhöhter körperlicher Belastung kann der Bedarf steigen. Vitamin C lässt sich gut über frisches Obst decken – wer hier jedoch zu kurz kommt, kann gezielt ergänzen.

Können Supplements beim Abnehmen helfen?

Nahrungsergänzungsmittel sind keine Wundermittel – und sie bringen dich auch nicht automatisch in ein Kaloriendefizit. Doch sie können unterstützend wirken:

- **Proteinshakes** helfen, satt zu bleiben und Muskeln zu schützen.
- **Ballaststoffe wie Flohsamenschalen** fördern das Sättigungsgefühl.
- **Magnesium und B-Vitamine** stabilisieren den Energiehaushalt.
- **Grüntee-Extrakt, Koffein und Booster** können den Stoffwechsel leicht anregen – in Maßen.

Wichtig: Wer auf eigene Faust wild drauflos supplementiert, riskiert Nebenwirkungen oder ein Ungleichgewicht. Besonders bei fettlöslichen Vitaminen wie A, D, E und K ist eine Überdosierung möglich – wenn auch selten.

Mein persönlicher Rat

Bevor du zu einem Supplement greifst, lass deine Blutwerte prüfen, lass dich von einem Experten beraten – oder nimm dir Zeit, deine Ernährung gezielt zu analysieren. In vielen Fällen genügt es, kleine Stellschrauben zu drehen: mehr frisches Gemüse, mehr Hülsenfrüchte, öfter mal Nüsse oder Vollkornprodukte. Und ganz wichtig: vergiss Bewegung, frische Luft und einen entspannten Umgang mit deinem Körper nicht – denn das sind immer noch die effektivsten „Heilmittel", die es gibt.

Wenn du dich für Nahrungsergänzung interessierst oder gezielt etwas testen möchtest, findest du auf meiner Website und bei Instagram Infos zu Produkten, die ich selbst nutze und anbiete – natürlich nur solche, von denen ich auch wirklich überzeugt bin.

www.patrickfabianfitness.de
www.365upgrade.de
Instagram: @patrickfabianofficial

TIPP 83: PROBIOTIKA FÜR EINEN GESUNDEN DARM

Ein gesunder Darm ist weit mehr als nur eine gut funktionierende Verdauung. Er ist Dreh- und Angelpunkt für unser Immunsystem, unsere mentale Ausgeglichenheit und sogar für unsere Fähigkeit, erfolgreich und nachhaltig abzunehmen. Wenn dein Bauch im wahrsten Sinne des Wortes nicht in Balance ist, dann leidet meist auch der Rest deines Körpers. Viele unterschätzen den Einfluss, den das Mikrobiom – also die Gesamtheit aller Mikroorganismen im Darm – auf unsere körperliche und seelische Gesundheit hat. Hier kommen Probiotika ins Spiel, da sie gezielt das Gleichgewicht in deinem Darm wiederherstellen und stärken können.

Was Probiotika genau sind

Probiotika sind lebende Mikroorganismen, meist Bakterien oder Hefen, die in ausreichender Menge verzehrt eine positive Wirkung auf die Gesundheit entfalten – vor allem im Verdauungstrakt. Sie konkurrieren dort mit krankmachenden Keimen und helfen, ein stabiles, widerstandsfähiges Mikrobiom aufzubauen.

Viele Menschen leiden unter Blähungen, Völlegefühl oder unregelmäßigem Stuhlgang. Die Ursache liegt oft in einer aus dem Gleichgewicht geratenen Darmflora. Probiotika können helfen, die nützlichen Darmbakterien wieder anzusiedeln und zu stärken, um Beschwerden zu lindern und die Gesundheit wiederherzustellen. Besonders nach einer Antibiotikabehandlung oder bei wiederkehrenden Verdauungsbeschwerden ist es sinnvoll, durch Probiotika dem Darm beim Wiederaufbau seiner natürlichen Flora unter die Arme zu greifen – aber auch präventiv zur Unterstützung deines Wohlbefindens kann es hilfreich sein.

Ein starkes Immunsystem beginnt im Darm

Wusstest du, dass etwa 70 bis 80 Prozent deines Immunsystems im Darm sitzen? Probiotika helfen dabei, die Schleimhäute zu stärken, schädliche Erreger abzuwehren und die Immunabwehr zu aktivieren. Ein gesunder Darm bedeutet also nicht nur bessere Verdauung, sondern auch weniger Infektanfälligkeit, mehr Energie und weniger Müdigkeit im Alltag.

Probiotika und die Psyche – ein starkes Duo

Die sogenannte Darm-Hirn-Achse ist längst kein Geheimtipp mehr, sondern wissenschaftlich fundiert. Ein gesunder Darm beeinflusst nachweislich unsere Stimmung, unseren Stresspegel, unsere mentale Belastbarkeit und – Achtung – unseren Appetit. Wer dauerhaft unter Stress steht, Hunger auf Ungesundes hat, psychisch angespannt ist oder sogar depressive Verstimmungen kennt, profitiert möglicherweise von einem stabileren Mikrobiom – mit Probiotika als natürlicher Unterstützung.

Schöne Haut beginnt im Bauch

Auch wenn es auf den ersten Blick nicht zusammenpasst: Viele Hautprobleme wie Akne, Ekzeme oder sogar Rosazea haben ihren Ursprung im Darm. Eine gestörte Darmflora kann Entzündungen im Körper begünstigen – und die zeigen sich nicht selten auf der Haut. Probiotika tragen dazu bei, diese Entzündungen zu verringern, und sorgen somit für ein gesünderes Hautbild.

Probiotika in der Ernährung – so funktioniert's

Du kannst Probiotika ganz einfach über die Ernährung aufnehmen – zum Beispiel durch:

- Naturjoghurt mit lebenden Kulturen

- Kefir
- Sauerkraut (roh, nicht pasteurisiert!)
- Kimchi
- Miso
- Kombucha

Alternativ gibt es hochwertige Nahrungsergänzungsmittel in Form von Shots, Kapseln oder Pulvern. Achte bei der Auswahl auf die enthaltenen Stämme (z. B. *Lactobacillus acidophilus*, *Bifidobacterium lactis*) und auf die Menge lebender Kulturen (mindestens 1 Milliarde KBE pro Tagesdosis gelten als sinnvoller Mindestwert).

TIPP 84: PRÄBIOTIKA, SCHON MAL DAVON GEHÖRT?

Probiotika kennst du – wenn nicht ohnehin schon, dann aus Tipp 83. Doch mindestens genauso wichtig für deine Gesundheit, vor allem für deine Darmflora, sind die *Präbiotika*. Während Probiotika lebende Mikroorganismen sind, die sich positiv auf dein Mikrobiom auswirken, sind Präbiotika sozusagen das Lieblingsessen dieser Bakterien. Sie liefern die Nahrung, die die „guten" Darmbakterien benötigen, um sich zu vermehren, gesund zu bleiben und ihre positiven Aufgaben im Körper optimal erfüllen zu können. Ohne Präbiotika keine Probiotika – so einfach ist das.

Was Präbiotika eigentlich sind

Präbiotika sind bestimmte unverdauliche Ballaststoffe, die im Dickdarm als Futter für nützliche Bakterien dienen. Sie gelangen unverdaut durch Magen und Dünndarm bis in den Dickdarm, wo sie von den Mikroorganismen fermentiert werden. Dieser Prozess unterstützt das Wachstum nützlicher Bakterienstämme wie *Bifidobacterium* und *Lactobacillus*, wodurch sich das Mikrobiom positiv verändert.

Warum Präbiotika so wichtig für deine Gesundheit sind

Eine ausgewogene Darmflora ist das Fundament für deine Gesundheit – das betrifft nicht nur deine Verdauung, sondern auch dein Immunsystem, deine Stimmung und deine Energie. Präbiotika sorgen dafür, dass sich die

„guten“ Bakterien wohlfühlen und in ausreichender Menge vorhanden sind, um schädliche Eindringlinge abzuwehren, Entzündungen zu regulieren und Nährstoffe optimal verwerten zu können.

Deine Verdauung wird es dir danken

Wenn du regelmäßig präbiotische Lebensmittel isst, wirst du wahrscheinlich feststellen, dass deine Verdauung regelmäßiger und angenehmer abläuft. Verstopfungen, Blähungen oder ein unregelmäßiger Stuhlgang lassen oft nach, wenn das Mikrobiom mit ausreichend „Futter“ versorgt ist. Auch das Risiko für Reizdarmsymptome kann durch eine präbiotikareiche Ernährung deutlich reduziert werden.

Stärkere Abwehrkräfte durch einen gefütterten Darm

Auch dein Immunsystem profitiert enorm von Präbiotika. Eine gut genährte Darmflora bedeutet, dass dein Immunsystem schneller reagieren kann, weniger anfällig für Infekte ist und entzündliche Prozesse besser regulieren kann. Wer regelmäßig präbiotische Lebensmittel isst, ist durchschnittlich weniger erkältet und fühlt sich insgesamt belastbarer.

Sogar deine Knochen profitieren

Eine etwas weniger bekannte, aber nicht weniger bedeutende Wirkung: Präbiotika verbessern die Aufnahme von Mineralstoffen wie Kalzium und Magnesium im Darm. Das kann sich langfristig positiv auf deine Knochengesundheit auswirken und Krankheiten wie Osteoporose vorbeugen – gerade im Alter oder bei erhöhtem Bedarf ein echter Pluspunkt.

Einfluss auf Stimmung und Stressverarbeitung

Ja, richtig gelesen: Präbiotika beeinflussen über die Darm-Hirn-Achse auch deine mentale Verfassung. Die im Darm gebildeten kurzkettigen Fettsäuren, wie z. B. *Butyrat*, wirken entzündungshemmend und kommunizieren direkt mit deinem Nervensystem. Studien zeigen, dass Präbiotika sogar Stress senken und die Resilienz gegenüber psychischen Belastungen stärken können.

In diesen Lebensmitteln stecken besonders viele Präbiotika

Du musst nicht zwingend Pülverchen kaufen, auch wenn solche den Alltag erleichtern können und du damit auf Nummer sicher gehen kannst.

Zum Glück sind auch viele natürliche Lebensmittel reich an präbiotischen Ballaststoffen. Hier einige der besten Quellen:

- Zwiebeln
- Knoblauch
- Lauch
- Spargel
- Chicorée
- Artischocken
- Topinambur
- Unreife Bananen
- Vollkorngetreide (besonders Hafer)
- Hülsenfrüchte

Indem du diese regelmäßig in deine Ernährung integrierst, stärkst du deine Darmgesundheit auf natürliche Weise – ganz ohne Zusatzpräparate.

Auch als Nahrungsergänzung möglich

Wenn du das Gefühl hast, du kommst über die Ernährung nicht auf eine ausreichende Menge, kannst du auf Präbiotika als Ergänzungspräparat zurückgreifen. Beliebte Inhaltsstoffe sind hier *Inulin, Fructooligosaccharide (FOS)* oder *Galactooligosaccharide (GOS)*. Wichtig ist eine langsame Steigerung der Dosis, da es bei zu viel auf einmal zu Blähungen oder Bauchgrummeln kommen kann – das ist jedoch meist nur ein Zeichen dafür, dass dein Darm wieder richtig in Gang kommt.

Gutes für deinen Darm beginnt mit der richtigen Ernährung

Präbiotika sind das Lebenselixier deiner Darmbakterien – sie halten die guten Mikroorganismen am Leben, fördern ihre Vermehrung und stärken damit deine Gesundheit auf allen Ebenen. In Kombination mit Probiotika sind sie ein unschlagbares Team, das nicht nur deine Verdauung und dein

Immunsystem stärkt, sondern dich auch beim Abnehmen unterstützt. Wer regelmäßig präbiotische Lebensmittel isst, kann damit den Fettstoffwechsel anregen, Entzündungen reduzieren und langfristig ein besseres Körpergefühl entwickeln. Also, worauf wartest du noch? Füttere deine guten Darmbewohner – sie werden es dir danken.

TIPP 85: KEINE GROSSEN MAHLZEITEN AM ABEND

Wenn du dir bereits eine gewisse Routine in deiner Ernährung aufgebaut hast, dann weißt du sicher: Die Größe und Zusammensetzung deiner Mahlzeiten spielt eine zentrale Rolle, wenn du abnehmen willst. Besonders am Abend ist der richtige Umgang mit der Nahrungsmenge entscheidend. Während wir tagsüber aktiv sind und unser Körper kontinuierlich Energie verbraucht, schaltet er am Abend langsam in den Ruhemodus. Das bedeutet: Alles, was du zu viel isst, wird mit höherer Wahrscheinlichkeit gespeichert – und zwar nicht als Muskelmasse, sondern als ungeliebtes Fettpölsterchen.

Das gilt natürlich nicht absolut und pauschal für jeden, denn Menschen, die spät trainieren oder nachts arbeiten, haben andere Voraussetzungen. Doch für den Großteil gilt: Wer abends zu viel isst, verlangsamt den Fortschritt auf dem Weg zum Wunschgewicht.

Dein Stoffwechsel fährt runter

Der Körper folgt einem natürlichen Tagesrhythmus – auch bekannt als *circadianer Rhythmus*. Morgens läuft der Stoffwechsel auf Hochtouren, während er sich im Laufe des Tages immer mehr verlangsamt. Je später du isst, desto geringer ist der Kalorienverbrauch, und desto schwerer tut sich dein Körper, die aufgenommene Energie sinnvoll zu nutzen. Große Mahlzeiten, insbesondere mit viel Fett und Kohlenhydraten, liegen dann länger im Magen, belasten die Verdauung und stören sogar den Schlaf.

Weniger Bewegung, mehr Speicherung

Seien wir ehrlich: Wer sich nach einem üppigen Abendessen noch auf den Hometrainer schwingt, gehört zur absoluten Ausnahme. Die Realität sieht oft so aus: Essen – Sofa – Bett. Der Energieverbrauch ist abends minimal, die Bewegung gering. Die aufgenommene Energie wird in dieser inaktiven Phase kaum noch genutzt – was bleibt, wird in den Depots gespeichert. Und genau da wollen wir ja eigentlich nichts mehr speichern, sondern im besten Fall abbauen.

Schlechter Schlaf durch volles Bauchgefühl

Ein voller Magen kann sich nicht nur durch ein Völlegefühl unangenehm bemerkbar machen, sondern stört auch massiv die Schlafqualität. Der Körper arbeitet über Stunden an der Verdauung, während du eigentlich regenerieren solltest. Das führt zu unruhigem Schlaf, häufigem Aufwachen und einer hormonellen Verschiebung, die deinen Hunger am nächsten Tag beeinflusst. Besonders das Hormon Ghrelin (der „Hungerbot") wird nach schlechtem Schlaf vermehrt ausgeschüttet – Heißhungerattacken am nächsten Tag sind somit fast vorprogrammiert.

Abends essen heißt nicht automatisch zunehmen – aber: das Wie und Was zählt

Es geht nicht darum, abends gar nichts mehr zu essen. Viele Menschen brauchen eine kleine Mahlzeit, um satt ins Bett zu gehen oder nicht mitten in der Nacht mit knurrendem Magen aufzuwachen. Aber die Betonung liegt auf *klein*. Eine leichte, eiweißreiche und fettarme Mahlzeit – zum Beispiel ein Magerquark mit Honig, eine kleine Portion Rührei oder ein leichter Fisch mit grünen Bohnen – ist ideal, um den Körper zu versorgen, ohne ihn zu überfordern.

Auch auf das Wie kommt es an:

Verlagere die Kalorienzufuhr nach vorne. Dein Frühstück und Mittagessen dürfen gerne gehaltvoller sein, da du tagsüber mehr verbrauchst.
Plane dein Abendessen bewusst. Iss mindestens 2–3 Stunden vor dem Schlafengehen.

Iss langsam und achtsam. Oft essen wir abends zu viel, weil wir dabei fernsehen oder am Handy scrollen. Setze dich aufrecht hin, kaue gut und höre auf, sobald du satt bist.

Vermeide Alkohol und süße Getränke. Beides belastet den Stoffwechsel und hemmt die Fettverbrennung zusätzlich.

Die Umstellung fällt vielleicht nicht leicht, aber lohnt sich. Indem du am Abend auf kleinere, nährstoffreiche und leicht verdauliche Mahlzeiten setzt, förderst du nicht nur deine Schlafqualität, sondern auch die natürliche Fettverbrennung über Nacht. So startest du erholter, energiegeladener und mit einem besseren Körpergefühl in den nächsten Tag – und kommst deinem Wunschgewicht wieder ein Stück näher.

TIPP 86: CHEAT-MEALS EINPLANEN

Wer abnimmt, bekommt früher oder später Lust auf etwas „Verbotenes". Und genau hier kommen Cheat-Meals ins Spiel – gezielte Ausnahmen, die in deinen Ernährungsplan eingeplant werden. Sie ermöglichen es dir, auch mal ohne schlechtes Gewissen zu genießen und dabei trotzdem konsequent am Ball zu bleiben. Klingt paradox, ist aber eine ziemlich clevere Strategie, die nicht nur psychologisch entlastet, sondern auch deinen Körper dabei unterstützt, langfristig besser mit der Kalorienreduktion umzugehen.

Wenn du dir Cheat-Meals bewusst einplanst und nicht spontan sündigst, bringst du Struktur in deine Ausnahmen und bleibst dabei trotzdem in der Spur.

Vermeidung von Heißhungerattacken

Ein geplanter Ausbruch aus dem Ernährungsalltag kann Wunder wirken, wenn dich das Verlangen nach Pizza, Schokolade oder Burger mal wieder überkommt. Wer sich streng alles verbietet, hält das oft nur eine begrenzte Zeit durch – bis irgendwann der Damm bricht. Cheat-Meals bieten hier ein Ventil: Du weißt, dass du dir zu einem bestimmten Zeitpunkt etwas gönnen darfst, und kannst daher besser durchhalten. Das bewahrt dich davor, in schwachen Momenten die Kontrolle zu verlieren.

Psychologische Entlastung statt Frust

Abnehmen ist nicht nur eine körperliche Herausforderung, sondern auch eine mentale. Sich über Wochen oder gar Monate „alles zu verbieten", macht mürbe – und bringt viele dazu, ihre Ernährung komplett hinzuschmeißen. Mit Cheat-Meals baust du gezielt eine Belohnung in deinen Weg ein. Du darfst dich freuen, dir etwas gönnen, ohne direkt wieder an den Anfang zurückgeworfen zu werden. So bleibst du gelassener und die Motivation bleibt erhalten.

Ankurbelung des Stoffwechsels

Wenn du länger im Kaloriendefizit bist, verlangsamt sich dein Stoffwechsel. Dein Körper schaltet auf Energiesparmodus – und das kann das Abnehmen erschweren. Ein bewusster kurzfristiger Kalorienüberschuss, zum Beispiel durch ein ordentliches Cheat-Meal, kann deinem Stoffwechsel wieder einen kleinen Push geben. Gerade kohlenhydratreiche Cheat-Meals wie Pasta, Reisgerichte oder ein deftiges Frühstück können deine Speicher auffüllen und deinem Körper signalisieren: „Alles okay, du darfst ruhig weiter Fett verbrennen."

Regulierung des Sättigungshormons Leptin

Leptin spielt eine elementare Rolle in deinem Hunger- und Sättigungsgefühl. Bei längerer Kalorienreduktion sinkt der Leptinspiegel, was dich hungriger macht – obwohl du eigentlich genug gegessen hast. Durch eine gezielte, etwas kalorienreichere Mahlzeit kann sich der Leptinspiegel kurzfristig erholen, was deinen Appetit in den folgenden Tagen wieder reduziert. So unterstützt dich ein Cheat-Meal sogar indirekt beim Kaloriensparen.

Besser als Binge-Eating

Es gibt einen großen Unterschied zwischen einem bewussten Cheat-Meal und einem plötzlichen, unkontrollierten Fressanfall. Wer regelmäßig Heißhunger bekommt und diesem nachgibt, läuft Gefahr, die Kontrolle zu verlieren – inklusive Schuldgefühlen und Selbstzweifeln. Ein Cheat-Meal hingegen ist eingeplant, durchdacht und limitiert. Du genießt bewusst und kehrst danach direkt wieder zu deinem Plan zurück.

Soziale Flexibilität

Geburtstag, Grillabend, Pizza mit Freunden – alles schön, aber oft auch eine Herausforderung, wenn du abnehmen möchtest. Mit Cheat-Meals kannst du solche Anlässe einplanen, statt sie mit schlechtem Gewissen zu erleben oder dich komplett zu isolieren. Du entscheidest aktiv, wann du dir etwas gönnst – und kannst dabei sogar gesellschaftlich „mitessen", ohne vom Weg abzukommen.

Disziplin durch Belohnung

Ja, auch Cheat-Meals können deine Disziplin stärken. Klingt komisch, ist aber logisch: Wer weiß, dass am Ende der Woche eine kleine Belohnung wartet, hat es leichter, sich unter der Woche an den Plan zu halten. Dieses Prinzip funktioniert ähnlich wie bei einem Trainingsziel oder einem Etappensieg – du bleibst fokussiert, weil du dich auf etwas freuen kannst. Und keine Sorge, ein Cheat-Meal wird in der Regel dein Kaloriendefizit von einer Woche nicht zunichtemachen.

Portionskontrolle statt Maßlosigkeit

Ein weiterer Vorteil: Wenn du dein Cheat-Meal planst, legst du vorher fest, was und wie viel du essen willst. Das schützt dich davor, aus dem Bauch heraus zu viel zu essen. Du genießt eine Pizza, aber eben keine Pizza *plus* Nachspeise *plus* Chips vor dem Fernseher. Die bewusste Entscheidung hilft dir, Maß zu halten – auch bei Dingen, die sonst schnell ausarten können. Ein kompletter Cheatday könnte hingegen schon gefährlicher für dein mühsam erarbeitetes Kaloriendefizit der übrigen Woche werden.

Langfristig erfolgreich statt kurzfristig perfekt

Ein nachhaltiger Abnehmprozess ist kein Sprint, sondern ein Marathon. Und auch, wenn du dein Ziel erreicht hast, sollte dein Lebensstil nicht durch maßlose Fressorgien geprägt sein, außer du willst wieder zunehmen und von vorne anfangen, weil die Abnehmreise dir so viel Spaß gemacht hat. Klar ist, kein Mensch läuft diesen Weg völlig fehlerfrei. Cheat-Meals können helfen, realistisch zu bleiben und nicht in Schwarz-Weiß-Denken zu verfallen. Wer sich kleine Ausnahmen erlaubt, bleibt öfter am Ball und erreicht am Ende sein Ziel – ohne dass es sich wie ein Verzicht auf Lebensfreude und -qualität anfühlt.

Genuss ohne schlechtes Gewissen

Am wichtigsten: Ein Cheat-Meal soll dir Freude machen, nicht Frust. Es geht darum, bewusst zu genießen – nicht darum, mit schlechtem Gewissen zu sündigen. Erlaube es dir, genieße und habe auch anschließend ein gutes Gefühl. Wenn du dein Essen mit Freude und Achtsamkeit isst, wirkt es sich auch weniger negativ auf deinen Körper aus. Ein geplanter Genussmoment ist kein Rückschritt, sondern ein sinnvoller Teil deines Weges. Hannibal vom A-Team hätte gesagt: „Ich liebe es, wenn ein Plan funktioniert." Und ich würde ergänzen: Besonders, wenn er auch noch schmeckt.

TIPP 87: ZUCKERKONSUM SCHRITTWEISE REDUZIEREN

Zucker – du weißt bereits, dass er dir alles andere als hilfreich beim Abnehmen ist. Für viele ist er der Stoff, aus dem süße Träume sind. Leider sind es oft auch genau diese Träume, die uns beim Abnehmen einen Strich durch die Rechnung machen. Und so sehr man sich auch vornimmt, von heute auf morgen komplett auf Zucker zu verzichten: In der Realität endet das meist in Frust, Heißhunger oder dem berühmten Jojo-Effekt.

Denn Zucker macht nicht nur kurzfristig glücklich – er kann abhängig machen, den Blutzuckerspiegel Achterbahn fahren lassen und die Fettverbrennung blockieren. Doch keine Sorge: Du musst nicht sofort zum Zucker-Mönch werden. Ein sanfter, schrittweiser Entzug ist oft erfolgreicher – und vor allem deutlich angenehmer.

Vermeidung von Entzugserscheinungen

Wer seinen täglichen Zuckerkonsum auf null herunterfährt, spürt das – und zwar nicht selten in Form von Kopfschmerzen, Stimmungsschwankungen, Müdigkeit oder dem Gefühl, absolut nichts mehr genießen zu können. Das liegt daran, dass Zucker im Gehirn ähnliche Reaktionen auslöst wie Drogen – inklusive Entzugserscheinungen, wenn er plötzlich fehlt. Eine schrittweise Reduktion hilft, genau diese Nebenwirkungen zu vermeiden und deinem Körper die Zeit zu geben, sich sanft umzustellen.

Anpassung deiner Geschmacksnerven

Zucker verändert unseren Geschmackssinn. Wer regelmäßig stark gesüßte Lebensmittel isst, braucht immer mehr davon, um dieselbe Süße zu schmecken – das ist wie ein Training in die falsche Richtung. Reduzierst du den Zucker jedoch langsam, sensibilisierst du deinen Gaumen wieder für natürliche Aromen. Plötzlich schmecken dir Früchte wieder intensiver und selbst ein ungesüßter Joghurt kann zu einer echten Geschmacksexplosion werden. Du beginnst, mit Gewürzen wie Zimt oder Vanille zu experimentieren, und entdeckst, dass Genuss auch ohne Industriezucker möglich ist – sogar besser schmeckt. Und irgendwann fragst du dich, warum du früher so viel gesüßt hast.

Stabilisierung des Blutzuckerspiegels

Zucker lässt deinen Blutzucker schnell ansteigen – und genauso schnell wieder abstürzen. Die Folge: Heißhunger, Energiemangel, Gereiztheit. Wenn du hingegen schrittweise reduzierst, stabilisieren sich deine Blutzuckerwerte und du verhinderst somit diese Achterbahnfahrten. Das sorgt für mehr Energie im Alltag und hilft dabei, unkontrollierte Fressattacken zu vermeiden.

Nachhaltige Veränderung statt Crash-Diät

Ein radikaler Verzicht ist oft nicht dauerhaft durchhaltbar. Wer sich dagegen langsam umstellt, baut gesunde Gewohnheiten auf, die langfristig bleiben. Du lernst Alternativen kennen, findest neue Lieblingsrezepte und verlierst Stück für Stück das Verlangen nach stark verarbeiteten, gesüßten Produkten. Mit jedem kleinen Schritt kommst du deinem Ziel näher – ohne ständig das Gefühl zu haben, auf etwas verzichten zu müssen.

Bessere Gewichtskontrolle

Zucker steckt in so vielen Lebensmitteln, dass wir ihn oft unbewusst konsumieren – von der Fertigsuppe über den Brotaufstrich bis hin zum Salatdressing. Wenn du anfängst, bewusst weniger Zucker zu essen, reduzierst du automatisch deine Kalorienaufnahme – und das hilft beim Abnehmen. Vor allem, wenn du statt Zucker leere Kalorien einsparst und sie durch sättigende, nährstoffreiche Lebensmittel ersetzt.

Gesündere Alternativen finden

Der Weg vom Zucker weg führt dich sicher bald zu neuen Lebensmitteln, die gut oder zumindest nicht schlecht für deine Gesundheit sind. Datteln statt Bonbons, Haferflocken statt Cornflakes, Nüsse statt Kekse – es gibt so viele Möglichkeiten, die Süße im Leben zu behalten, ohne deinem Körper zu schaden. Und je mehr du dich mit diesen Alternativen beschäftigst, desto leichter wird es, dem Zucker langfristig die kalte Schulter zu zeigen.

Mehr Motivation durch kleine Erfolge

Jede Zuckerreduktion ist ein kleiner Sieg. Wenn du zum Beispiel deinen Kaffee nicht mehr mit zwei, sondern nur noch mit einem Teelöffel Zucker trinkst – feier das. Diese kleinen Veränderungen motivieren dich weiterzumachen und zeigen dir, dass Veränderung möglich ist. Und wenn du einmal die Woche auf deinen Lieblingsriegel verzichtest, sparst du dir nicht nur Kalorien, sondern sammelst auch Selbstvertrauen.

Emotionale Abhängigkeit abbauen

Zucker wird oft genutzt, um Emotionen zu regulieren – als Belohnung, Trost oder Stresskiller. Wer den Konsum reduziert, lernt neue Strategien, um mit Gefühlen umzugehen. Bewegung, Entspannung, soziale Kontakte oder einfach ein bewusster Umgang mit deiner Ernährung ersetzen das emotionale Essen. Du brauchst den Zucker nicht mehr als Krücke – und das fühlt sich verdammt gut an.

Langfristige gesundheitliche Vorteile

Weniger Zucker bedeutet weniger Risiko für Diabetes, Übergewicht, Herz-Kreislauf-Erkrankungen und chronische Entzündungen. Es verbessert deine Haut, deinen Energielevel, deine Konzentration – und ganz ehrlich: Dein Körper wird es dir auf allen Ebenen danken. Und zwar jeden Tag, an dem du dich bewusster entscheidest.

Du darfst weiterhin genießen – aber eben mit Köpfchen.

TIPP 88: NICHT ZU VIEL KAFFEE TRINKEN

Kaffee gehört für viele Menschen zum Alltag wie das Zähneputzen. Ein treuer Begleiter am Morgen, ein kleiner Genuss zwischendurch, ein beliebter Muntermacher bei Nachmittags-Tiefs. Und grundsätzlich ist dagegen auch nichts einzuwenden – sofern er in Maßen konsumiert wird. Doch genau da liegt bei vielen das Problem: aus einer Tasse werden schnell drei, vier oder fünf. Und besonders beim Abnehmen kann das zum echten Stolperstein werden.

Denn zu viel Koffein wirkt sich nicht nur negativ auf den Schlaf und den Hormonhaushalt aus, sondern kann auch den Appetit steigern, die Stressantwort im Körper verstärken und Heißhungerattacken fördern. Wenn du also auf dem Weg zu deinem Wunschgewicht bist, lohnt sich ein genauerer Blick auf deine Kaffeeroutine – und ob weniger vielleicht sogar mehr ist, in diesem Fall aber nicht auf der Waage.

Gestörter Schlaf

Koffein ist ein Wachmacher – darin liegt seine Stärke, aber auch seine Gefahr. Besonders, wenn er zu spät am Tag konsumiert wird. Koffein bleibt viele Stunden im Körper aktiv und kann selbst dann noch den Schlaf stören, wenn du längst glaubst, zur Ruhe gekommen zu sein. Die Folge: Du schläfst schlechter, regenerierst schlechter – und dein Körper hat weniger Kapazität für Fettverbrennung und Muskelaufbau. Zudem werden Hungerhormone wie Ghrelin durch Schlafmangel angekurbelt, während sättigende Hormone wie Leptin sinken. Das Resultat: mehr Appetit und weniger Kontrolle.

Mein Rat: Setze dir eine Koffein-Grenze. Spätestens ab 14–15 Uhr sollte Schluss sein mit koffeinhaltigen Getränken.

Koffein am Morgen? Besser später

Du wachst auf, tappst noch halb verschlafen in die Küche und drückst auf den Knopf der Kaffeemaschine – ein gewohntes Ritual. Doch genau das kann kontraproduktiv sein. Denn direkt nach dem Aufwachen produziert dein Körper bereits das Hormon Cortisol, das dich auf natürliche Weise wach und fit macht. Trinkst du in dieser Phase Koffein, unterdrückst du diese körpereigene Wachwerdung (ja, das Wort habe ich mir gerade ausgedacht) und läufst Gefahr, eine Koffeintoleranz zu entwickeln. Dein Körper gewöhnt sich an die externe Hilfe – und braucht mit der Zeit mehr davon, um denselben Effekt zu spüren.

Mein Rat: Warte morgens mit deinem Kaffee lieber ein wenig. Wenn du ihn später trinkst – idealerweise 1,5 bis 2 Stunden nach dem Aufstehen –, wirkt er stärker, nachhaltiger und bringt dich besser durch den Tag.

Koffein und Appetit – ein zweischneidiges Schwert

Während Koffein bei manchen Menschen kurzfristig den Appetit zügelt, bewirkt es bei anderen genau das Gegenteil. Besonders dann, wenn es den Stresspegel im Körper erhöht. Ein erhöhter Cortisolspiegel führt langfristig nicht nur zu mehr Bauchfett, sondern auch zu einem stärkeren Verlangen nach energiereicher Nahrung. Zudem kann Koffein auf nüchternen Magen zu Magenschleimhautreizungen, Heißhunger oder Völlegefühl führen – alles keine guten Begleiter beim Abnehmen.

Darum: Beobachte dich selbst. Triggert dich Kaffee zu mehr Essen? Dann reduziere ihn schrittweise und ersetze die Tasse am Vormittag vielleicht mal durch grünen Tee oder ein Glas Zitronenwasser.

Flüssige Kalorien – die versteckten Fallen

Kaffee selbst hat so gut wie keine Kalorien. Doch kaum jemand trinkt ihn pur. Milch, Zucker, Sirup, Sahne oder aromatisierte Varianten aus dem Café summieren sich schnell – und damit auch die Kalorienzufuhr. Ein Frappuccino kann locker 400 bis 600 Kalorien enthalten – mehr als ein ganzes, gut durchdachtes Mittagessen. Und auch wenn du den Kaffee zu Hause „nur ein bisschen" süßt, macht sich das in der Kalorienbilanz bemerkbar – besonders, wenn du mehrere Tassen täglich trinkst.

Mein Rat: Wenn du Kaffee trinkst, dann am besten schwarz oder mit einem Schuss pflanzlicher oder fettarmer Milch. Vermeide gezuckerte Sirups, aromatisierte Kaffeegetränke oder täglich wiederkehrende süße Extras.

Der Einfluss auf deinen Hormonhaushalt

Ein dauerhaft hoher Koffeinkonsum kann deinen Hormonhaushalt aus dem Gleichgewicht bringen – insbesondere in Verbindung mit Schlafmangel und Stress. Die Nebennieren, die unter anderem für die Cortisolproduktion zuständig sind, laufen irgendwann auf Hochtouren und senden dauerhaft Stresssignale aus. Das kann sich auf deinen Zyklus auswirken (bei Frauen), die Fettverbrennung verlangsamen und langfristig sogar zu Erschöpfungszuständen führen.

Deshalb: Nimm deinen Körper ernst. Wenn du ständig müde bist, obwohl du Kaffee trinkst – oder sogar gerade deswegen –, könnte eine Reduktion Wunder wirken. Dein Energielevel wird sich mittelfristig stabilisieren, dein Schlaf verbessert sich und dein Stressgefühl sinkt.

Kaffee bewusst geniessen, statt gedankenlos zu konsumieren

Kaffee muss kein Feind beim Abnehmen sein – aber er sollte auch kein täglicher Dauerbegleiter im Übermaß sein. Wer zu viel Koffein konsumiert, schläft schlechter, hat mehr Stress, entwickelt mehr Heißhunger und trifft häufiger impulsive Essentscheidungen. All das kann den Weg zum Wunschgewicht erheblich erschweren.

Indem du deinen Kaffeekonsum beobachtest, bewusster einsetzt und vielleicht sogar reduzierst, tust du deinem Körper, deinem Stoffwechsel und deiner Psyche etwas richtig Gutes. Und ganz nebenbei entkoppelst du dich ein Stück weit von einem Abhängigkeitsmuster – das bringt Freiheit, bessere Entscheidungen und ein besseres Körpergefühl.

Neben Kaffee gibt es natürlich auch Energydrinks, die durch ihren Koffeingehalt selbigen Effekt erzielen können. Auch hier bitte in Maßen genießen – erst recht, weil viele von ihnen voller Zucker und Aromastoffe sind.

Als Richtwert gilt eine maximale Menge von ca. 5,7mg Koffein pro Kilogramm Körpergewicht am Tag, die nicht überschritten werden sollte.

TIPP 89: GESUNDE SNACKS FÜR UNTERWEGS

Mal ehrlich: Der Alltag ist oft hektisch, und genau in solchen Momenten lauern die größten Fallen. Man ist unterwegs, der Hunger kommt plötzlich, die Tankstelle ruft, der Bäcker winkt, der Dönerladen verströmt verführerischen Duft oder im Supermarkt liegt genau an der Kasse dieser Schokoriegel, der förmlich deinen Namen schreit. Und ehe man sich versieht, hat man ihn gekauft – und gegessen. Dabei war der Hunger oft gar nicht so groß. Nur der Reiz und das Fehlen einer besseren Alternative haben uns in die Kalorienfalle tappen lassen. Aber es geht auch anders.

Der Trick liegt in der Vorbereitung. Gesunde Snacks für unterwegs sind kleine Lebensretter – sie stillen nicht nur deinen Hunger, sondern bewahren dich auch davor, unnötige Kalorien in Form von Zucker, Fett oder Zusatzstoffen aufzunehmen. Und ja, sie können sogar richtig lecker sein!

Heisshunger vermeiden, Blutzucker stabil halten

Wenn du regelmäßig für längere Zeit unterwegs bist oder Termine hast, bei denen sich keine Hauptmahlzeit unterbringen lässt, solltest du immer vorbereitet sein. Gesunde Snacks wie Nüsse, Gemüsesticks mit Hummus, ein Apfel oder ein hartgekochtes Ei helfen dir, satt und energiegeladen zu bleiben. Dein Blutzuckerspiegel bleibt dadurch stabil – und das ist einer der wichtigsten Punkte überhaupt, um Heißhungerattacken zu vermeiden.

Sättigung statt Snackrausch

Eine kleine Portion Studentenfutter (ohne Zuckerzusatz!), ein Vollkorn-Knäckebrot mit Nussmus oder auch ein (selbstgemachter?) Proteinriegel können Wunder wirken. Du bist länger satt, fühlst dich zufrieden und gehst mit einem viel besseren Gefühl durch den Tag. Wichtig ist, dass der Snack Ballaststoffe, Eiweiß und/oder gesunde Fette enthält – dann hält er dich wirklich über Stunden satt.

Bewusst essen – auch unterwegs

Wenn du deinen Snack vorbereitet dabeihast, fällt es dir viel leichter, bewusst zu essen. Du greifst nicht einfach nach dem erstbesten Teilchen beim Bäcker, sondern entscheidest dich ganz gezielt für deine gesunde Option. Das ist gut für deine Figur und stärkt auch dein Selbstvertrauen. Denn du übernimmst Verantwortung – und das fühlt sich einfach gut an.

Mein Tipp aus Erfahrung

Ich habe immer eine Packung Nüsse oder ein Stück Obst in meiner Tasche. Klingt banal, aber dieser Mini-Snack hat mich schon oft vor einem überteuerten, fetttriefenden Notfall-Croissant gerettet. Und wenn du dazu noch eine Wasserflasche dabeihast, bist du wirklich gut versorgt.

Vorbereitung ist King

Wer sich auf die Snack-Fallen des Alltags vorbereitet, bleibt souverän – und spart sich unnötige Kalorien, schlechtes Gewissen und den gefürchteten Nachmittagstief-Blues. Gesunde Snacks für unterwegs sind kein Luxus, sondern eine clevere Entscheidung für deinen Körper, deine Stimmung und deinen Erfolg beim Abnehmen.

TIPP 90: NICHT ZU VIEL FERNSEH- UND SOFA-ZEIT

Gemütlich auf der Couch liegen, die Lieblingsserie bingewatchen und dazu ein paar Chips knuspern – klingt verlockend, oder? Das Problem: Diese Kombi ist einer der größten Abnehm-Killer überhaupt. Zu viel Zeit vor dem Bildschirm (und damit sind auch Laptop und Handy gemeint) bedeutet meist: zu wenig Bewegung, zu viele Kalorien und ein schleichender Verlust an Achtsamkeit für deinen Körper.

Aber warum genau ist Fernsehen so gefährlich, wenn man abnehmen will? Ich verrate dir die wichtigsten Gründe und Möglichkeiten, wie du smarter damit umgehen kannst.

Snacks im Autopilot-Modus

Fernsehen ist eine Aktivität, bei der wir geistig abschalten – und dabei auch gern mal die Kontrolle über das verlieren, was wir nebenher essen. Die Tüte Chips wird leer, noch bevor die zweite Folge startet. Der Schokoriegel ist schon gegessen, obwohl du dich gar nicht daran erinnern kannst. Der Grund ist simpel: Unser Gehirn ist abgelenkt. Es registriert weder die Menge noch den Moment der Sättigung. Und das wird zum echten Problem für deine Kalorienbilanz.

Bewegung? Fehlanzeige

Klar, beim Fernsehen verbrennst du nicht gerade viele Kalorien – außer du sitzt auf dem Heimtrainer oder gehst dabei auf dem Laufband. Wer nach einem langen Arbeitstag müde ist, sucht meist Entspannung auf dem Sofa. Doch während dein Kopf dadurch nicht zur Ruhe kommt, bleibt dein Körper völlig inaktiv. Das senkt nicht nur den Kalorienverbrauch, sondern sorgt auch dafür, dass du dich insgesamt weniger erholst und noch unwahrscheinlicher Lust auf Bewegung verspürst. Der innere Schweinehund wächst mit jedem Serienmarathon ein Stückchen mehr.

Der stille Stoffwechsel

Unser Stoffwechsel liebt Aktivität. Bewegung signalisiert: „Es wird Energie gebraucht!“ Stillstand hingegen bedeutet für den Körper: „Energiesparen ist angesagt.“ Wenn du viele Stunden am Tag vor einem Bildschirm verbringst, schaltet dein Körper langfristig in den Energiesparmodus – das Gegenteil von dem, was du beim Abnehmen erreichen willst. Besonders kritisch wird es am Abend, wenn der Stoffwechsel ohnehin runterfährt.

Wer dann auch noch snackt, schiebt dem Körper automatisch mehr in die Fettreserven.

Fernsehen macht hungrig

Ein weiteres Problem: Fernsehen am Abend beeinflusst deinen Schlaf. Durch das blaue Licht von Bildschirmgeräten wird die Produktion von Melatonin gehemmt, dem Hormon, das dir beim Einschlafen hilft. Und schlechter Schlaf wirkt sich direkt auf deinen Hunger aus. Das ist wissenschaftlich belegt. Wer schlecht schläft, hat am nächsten Tag mehr Hunger, vor allem auf Süßes und Fettiges – schlechte Kombination, wenn du abnehmen willst.

Was kannst du tun?

Ganz einfach: Reduziere deine Fernsehzeit. Mach dir vorher einen Plan, was du anschauen willst – wann und wie lange. Vermeide es, nebenher zu essen. Wenn du gerne abends etwas snackst, dann iss deinen letzten kleinen Snack bereits **vor** dem Fernsehen – am Tisch, in Ruhe. Und versuche, regelmäßig kleine Bewegungseinheiten einzubauen. Vielleicht kannst du während des Fernsehens ein paar Dehnübungen machen oder das Sofa gegen einen Gymnastikball tauschen. Oder du ergänzt nach oder vor jeder Folge einen Spaziergang. Jede Änderung zählt.

Weniger Bildschirm, mehr Bewusstsein

Fernsehen ist nicht grundsätzlich schlecht. Aber zu viel davon kann dir dein Abnehmziel ganz schön vermasseln, ohne dass du es direkt merkst. Wer die Bildschirmzeit bewusst gestaltet und auf Snacks währenddessen verzichtet, hat mehr Kontrolle über die Kalorienzufuhr, schläft besser und bewegt sich mehr. Und das ist genau das, was du brauchst, um nachhaltig und gesund abzunehmen.

TIPP 91: EINE GESUNDE UMGEBUNG FÖRDERT GESUNDES ESSEN

Du willst abnehmen? Dann fang nicht nur bei deinem Teller an – sondern bei dem, was um deinen Teller herum passiert. Deine Umgebung hat einen viel größeren Einfluss auf dein Essverhalten, als du vielleicht glaubst. Es sind nicht nur der Appetit oder der innere Schweinehund, die dich zum ungesunden Snack greifen lassen – sondern auch das, was du täglich siehst, riechst, erreichst. Darum: Schaffe dir eine Umgebung, die dich dabei unterstützt, gesünder zu essen, statt dich ständig in Versuchung zu bringen.

Was du nicht siehst, isst du auch nicht

Klingt banal – ist aber unglaublich wirksam: Wenn du Chips, Schokolade oder zuckerhaltige Getränke ständig vor Augen hast, ist die Wahrscheinlichkeit enorm hoch, dass du irgendwann zugreifst – auch ohne echten Hunger. Unser Gehirn ist ein Gewohnheitstier und liebt einfache Reize. Wenn du also stattdessen frisches Obst, Gemüsesticks oder Nüsse sichtbar platzierst, wirst du automatisch öfter dazu greifen. Der Klassiker: eine Obstschale auf dem Tisch. Oder vorgeschnittenes Gemüse im Kühlschrank – griffbereit, bunt und knackig. Mach dir das Leben leicht und die Entscheidung einfach.

Mach's dir schwer, das Falsche zu essen

Der beste Weg, ungesunde Lebensmittel zu vermeiden? Kauf sie erst gar nicht ein. Klar, klingt radikal – aber wenn du wirklich etwas ändern willst, musst du bei dir zu Hause anfangen. Wer keine Schokolade im Schrank hat, kann auch keine essen. Oder du machst es wie ich: Wenn du nicht auf alles verzichten willst, dann verstaue solche Lebensmittel an schwer erreichbaren Orten. Oben im Schrank, in der Garage oder im Keller. Je größer der Aufwand, desto unwahrscheinlicher ist es, dass du aus Langeweile oder Gewohnheit danach greifst.

Gestalte deine Küche wie einen Fitness-Coach

Stell dir deine Küche wie deinen persönlichen Coach vor – sie kann dich entweder motivieren oder sabotieren. Mit einer aufgeräumten, gut organisierten Küche fällt es dir leichter, gesunde Mahlzeiten zu planen und umzusetzen. Lagere gesunde Lebensmittel sichtbar und griffbereit. Bewahre gesunde Snacks in praktischen Boxen auf. Sorge für eine Grundausstattung an Basics wie Vollkornprodukten, Hülsenfrüchten, Nüssen, gesunden Ölen und Gewürzen. Und wenn du schon dabei bist: Ersetze große Teller durch kleinere – das unterstützt dich ganz automatisch beim Portionieren.

Dein Umfeld beeinflusst deine Entscheidungen

Vielleicht wohnst du mit Partner, Kindern oder Mitbewohnern zusammen. Dann wirst du umso mehr merken, wie sehr das Umfeld deine Ernährung beeinflussen kann. Wenn ständig jemand Pizza bestellt oder Süßigkeiten verteilt, ist es viel schwerer, standhaft zu bleiben. Sprich offen über deine Ziele. Bitte um Unterstützung oder darum, bestimmte Lebensmittel nicht offen herumliegen zu lassen. Noch besser: Nimm deine Liebsten mit auf deinen Weg – gesundes Essen tut schließlich allen gut.

Plane – und du wirst belohnt

Meal-Prepping ist der geheime Superheld im Alltag. Wenn du gesunde Mahlzeiten vorbereitest, fällt es dir viel leichter, auch an stressigen Tagen gesund zu essen. Investiere in praktische Aufbewahrungsdosen (am besten aus Glas oder Edelstahl), plane deine Mahlzeiten für die Woche, und fülle deinen Kühlschrank mit guten Optionen. Wenn du abends müde nach Hause kommst und schon ein leckeres, gesundes Essen auf dich wartet – Jackpot.

Erinnere dich visuell an deine Ziele

Manchmal reicht schon ein kleiner Impuls. Ein inspirierender Spruch am Kühlschrank. Ein Vorher-Nachher-Foto. Oder ein Wochenplan mit gesunden Gerichten an der Wand. Umgib dich mit positiven, motivierenden Signalen, die dich immer wieder daran erinnern, warum du diesen Weg gehst. Es funktioniert. Auch unbewusst.

Deine Umgebung isst mit

Wenn du deine Umgebung so gestaltest, dass gesunde Entscheidungen zur einfachsten Option werden, wird Abnehmen plötzlich viel leichter. Du brauchst weniger Disziplin, weil die Versuchungen einfach nicht mehr überall lauern. Und du wirst merken: Je mehr dein Zuhause deinen Zielen entspricht, desto entspannter und natürlicher wird dein Weg. Also fang heute damit an – räum auf, sortiere aus, baue um. Deine Küche, dein Kühlschrank und sogar dein Esstisch können zu deinen stärksten Verbündeten werden.

TIPP 92: EINEN REGELMÄSSIGEN ESSENSRHYTHMUS EINHALTEN

Du hast bestimmt schon mal gehört (oder hier im Buch gelesen): Regelmäßigkeit beim Essen kann helfen, Gewicht zu verlieren – aber warum genau ist das so? Und wie funktioniert das Ganze im Alltag, ohne dass es nach starren Regeln oder Diätwahn klingt? Genau darum geht es in diesem Tipp. Denn ein konstanter Rhythmus in deiner Ernährung ist wie ein gutes Fundament für ein Haus: Er bringt Stabilität, Verlässlichkeit und Struktur in deinen Tag – und kann dabei helfen, dein Wohlbefinden und deine Figur in Balance zu halten.

Stabiler Blutzuckerspiegel statt Energieachterbahn

Wenn du zu unregelmäßigen Zeiten isst oder Mahlzeiten ausfallen lässt, gerät dein Blutzuckerspiegel leicht ins Schwanken. Diese Schwankungen führen nicht nur zu Heißhungerattacken, sondern oft auch zu Stimmungstiefs, Energieverlust und Konzentrationsproblemen. Du kennst vielleicht das Gefühl, wenn du so richtig „unterzuckert" bist und am liebsten sofort eine Tafel Schokolade inhalieren würdest. Genau das passiert, wenn du deinen Körper nicht regelmäßig mit Energie versorgst.

Ein fester Essensrhythmus – zum Beispiel drei Hauptmahlzeiten pro Tag und eventuell ein kleiner Snack zwischendurch – hilft deinem Körper, den Blutzuckerspiegel stabil zu halten. Du bleibst wacher, klarer im Kopf und hast seltener das Bedürfnis, dich an ungesunden Zwischenlösungen zu bedienen.

Mehr Struktur für Kopf und Körper

Nicht nur dein Körper, auch dein Geist liebt Routinen. Wenn du zu bestimmten Zeiten isst, gewöhnt sich dein gesamter Organismus daran – dein Magen „weiß", wann Nachschub kommt, die Verdauung arbeitet effizienter, und du lernst wieder, echtes Hungergefühl von Appetit oder Langeweile zu unterscheiden. So wird Essen nicht zur impulsiven Entscheidung, sondern zu einem bewussten, genussvollen Moment.

Bye-bye Heisshunger und unnötige Snacks

Viele unkontrollierte Snacks entstehen nicht aus echtem Hunger. Sie finden aus Zeitmangel, Stress oder schlechter Planung den Weg in deinen Mund. Mit festen Essenszeiten gibst du deinem Tag eine Struktur, die dir hilft, diese unnötigen Kalorienfallen zu umgehen. Du weißt, wann die nächste Mahlzeit ansteht, und kannst dich mental und körperlich darauf einstellen. Auch dein Sättigungsgefühl wird dadurch zuverlässiger – du isst automatisch bedachter und weniger über den Hunger hinaus.

Der Alltag wird planbarer –und entspannter

Ein weiterer Vorteil: Du kannst deine Mahlzeiten besser vorbereiten und planen. Wer weiß, wann er isst, hat einen besseren Überblick über Einkauf, Vorräte und sogar die Kalorienaufnahme. Das entlastet deinen Alltag, spart Zeit und senkt die Wahrscheinlichkeit, dass du in hektischen Momenten zu

Fast Food oder Süßkram greifst. Und mal ehrlich – das Gefühl, vorbereitet zu sein, gibt einem eine gewisse Gelassenheit und Kontrolle zurück.

Regelmässigkeit als unterschätzter Erfolgsfaktor

Ein konstanter Essensrhythmus klingt erstmal simpel – und genau darin liegt seine Stärke. Ohne Verbote, ohne Verzicht, einfach durch eine clevere Struktur kannst du deinen Körper ins Gleichgewicht und dich selbst ein großes Stück näher an dein Ziel bringen. Es ist wie mit vielen Dingen beim Abnehmen: Es braucht kein Hexenwerk, sondern Beständigkeit, Aufmerksamkeit und ein bisschen Planung. Und das Schöne daran ist: Du wirst merken, wie sich dein gesamter Alltag positiver verändert, wenn du dir selbst diese kleine Form von Fürsorge schenkst.

TIPP 93: RESTRIKTIVE DIÄTEN VERMEIDEN – GEGEN DEN JOJO-EFFEKT

Schnell abnehmen, am besten zehn Kilo in zwei Wochen? Klingt verlockend, oder? Genau hier liegt das Problem. Viele Diäten versprechen schnelle Ergebnisse – durch extremen Verzicht, radikale Regeln und rigide Pläne. Doch was sich anfangs wie ein Erfolg anfühlt, endet oft in Frust, Rückfällen und im gefürchteten Jojo-Effekt. Wenn du langfristig erfolgreich und gesund abnehmen willst, dann solltest du genau solche restriktiven Diäten meiden. Warum? Das schauen wir uns jetzt gemeinsam an.

Zu viel Verzicht bringt selten langfristige Erfolge

Diäten, die dir ganze Lebensmittelgruppen verbieten oder die Kalorienzufuhr auf ein Minimum beschränken, mögen kurzfristig Erfolge bringen – aber dein Körper ist clever. Er erkennt, dass er weniger Energie bekommt und ihm wichtige Nährstoffe fehlen, deshalb schaltet er auf Sparflamme. Dein Stoffwechsel fährt runter, dein Hungergefühl steigt, dein Energielevel sinkt. Du fühlst dich müde, gereizt und hast Heißhunger auf alles, was du gerade nicht „darfst". Kein Wunder, dass der Drang auszubrechen irgendwann übermächtig wird.

Mangelernährung und schlechte Laune inklusive

Was viele nicht sehen: Wer dauerhaft bestimmte Lebensmittel weglässt, riskiert Nährstoffmängel. Das kann Auswirkungen auf Haut, Haare, Konzentration, Stimmung und das Immunsystem haben. Dein Körper braucht eine gewisse Vielfalt an Nährstoffen, um leistungsfähig und gesund zu bleiben – das geht nicht mit einem einseitigen Speiseplan, der nur aus „erlaubten“ Lebensmitteln besteht. Und seien wir ehrlich: Essen soll nicht nur nähren, sondern auch Freude machen.

Der Jojo-Effekt: schneller zurück als du denkst

Was passiert nach der Diät? Du kehrst zu deinen alten Gewohnheiten zurück – und dein Körper, der sich an die Mangelversorgung gewöhnt hat, bunkert jede zusätzliche Kalorie wie ein Eichhörnchen im Herbst, nur hältst du keinen Winterschlaf. Zack – das Gewicht ist zurück, manchmal sogar mehr als vorher. Warum? Weil du nichts über gesunde Ernährung gelernt hast, sondern dich nur temporär gequält hast. Da ist er: der größte Denkfehler vieler Diäten.

Essen darf kein Feind werden

Restriktive Diäten fördern in der Regel ein ungesundes Verhältnis zum Essen. Du entwickelst ein Schwarz-Weiß-Denken: Das ist erlaubt, das ist verboten. Du fühlst dich schlecht, wenn du „sündigst“, und verlierst das Vertrauen in deinen Körper. Dabei ist genau dieses Vertrauen entscheidend: Zu spüren, wann du Hunger hast, wann du satt bist, und welche Lebensmittel dir guttun – das ist der wahre Schlüssel zu langfristigem Erfolg.

Nachhaltige Veränderung statt kurzfristigen Kampfes

Statt dich mit Regeln und Verboten zu quälen, ist es viel sinnvoller, nachhaltige kleine Veränderungen in deinen Alltag zu integrieren. Eine ausgewogene Ernährung, die dir schmeckt, dich sättigt und sich gut anfühlt, ist auf Dauer nicht nur gesünder – sie ist auch leichter durchzuhalten. Vielleicht dauert der Erfolg ein paar Wochen länger, aber er bleibt. Und du fühlst dich dabei nicht wie ein Märtyrer, sondern wie ein Mensch, der gut für sich sorgt.

Lass dich nicht von schnellen Versprechen täuschen

Der Wunsch, schnell etwas zu verändern, ist verständlich – aber besonders da solltest du aufpassen. Wenn eine Diät nach Folter klingt oder dich sozial komplett isoliert, ist sie wahrscheinlich nicht die Lösung. Waren die zusätzlichen Kilos denn von heute auf morgen da? Eine nachhaltige Veränderung braucht Zeit, Geduld und Selbstmitgefühl – aber sie lohnt sich.

Denn sie ist die Basis für einen leichteren Körper, und darüber hinaus gibt sie dir ein leichteres Lebensgefühl.

TIPP 94: INTERMITTIERENDES FASTEN

Intermittierendes Fasten (auch als *Intervallfasten* bekannt) ist längst mehr als nur ein Trend – für viele ist es ein echter Gamechanger auf dem Weg zum Wunschgewicht. Und das Beste daran: Es geht nicht um Verzicht auf bestimmte Lebensmittel oder das Zählen jeder einzelnen Kalorie, sondern um die bewusste Gestaltung der Essenszeiten. Fasten kann dir helfen, dein Hungergefühl besser zu verstehen, deine Ernährung zu strukturieren und dabei ganz nebenbei Fett zu verlieren – ohne dass du ständig das Gefühl hast, etwas zu verpassen.

Was ist intermittierendes Fasten eigentlich?

Ganz einfach gesagt: Du planst Phasen ein, in denen du nichts isst – und andere, in denen du isst. Das bekannteste Modell ist 16:8 – du fastest 16 Stunden und isst in einem Zeitfenster von acht Stunden. Für manche bedeutet das: Frühstück ausfallen lassen und zwischen 12 und 20 Uhr essen. Andere beginnen früher und beenden den Tag mit einem frühen Abendessen. Es gibt auch andere Modelle wie 5:2 (fünf normale Tage, zwei mit stark reduzierter Kalorienzufuhr) – das Schöne: Du entscheidest, was zu deinem Leben passt.

Weniger Kalorien – ganz automatisch

Wenn du nur in einem begrenzten Zeitfenster isst, wirst du vermutlich automatisch weniger Kalorien zu dir nehmen – einfach, weil weniger Zeit zum Snacken bleibt. Das fühlt sich ganz anders an als Kalorienzählen oder Verbote, denn du isst dich satt – nur eben nicht ständig. Besonders hilfreich ist das für alle, die abends noch gern zu Snacks greifen oder aus Langeweile essen. Wenn die Küche nach 20 Uhr „geschlossen" ist, entfällt auch die Versuchung.

Dein Körper kommt zur Ruhe – und schaltet auf Fettverbrennung

Während der Fastenzeit sinkt der Insulinspiegel. Das ist entscheidend, denn: Nur bei niedrigem Insulinspiegel kann dein Körper wirklich Fett verbrennen. Gleichzeitig kann sich dein Verdauungssystem erholen – es ist nicht ständig mit dem nächsten Snack beschäftigt. Die sogenannte

Autophagie – ein körpereigener „Zellrecyclingprozess" – wird angeregt. Heißt: Deine Zellen fangen an, sich selbst zu reinigen und zu erneuern. Ein echter Verjüngungs-Booster!

Du lernst, wieder echten Hunger zu spüren

Durch intermittierendes Fasten gewinnst du ein neues Körpergefühl. Du erkennst, wann du wirklich Hunger hast – und wann du aus Gewohnheit oder Emotionen isst. Das stärkt neben deiner Selbstkontrolle auch dein Vertrauen in deinen Körper. Viele berichten sogar, dass sie nach einer Eingewöhnungsphase wacher, klarer und leistungsfähiger sind – sowohl körperlich als auch mental.

Es geht nicht um Perfektion – sondern um Struktur

Fasten heißt nicht, dass du dich kasteien musst. Es bedeutet lediglich, dass du bewusster isst. Auch wenn du nicht jeden Tag das perfekte Fastenfenster einhältst, bringt schon eine regelmäßige Struktur enorme Vorteile. Wenn du beispielsweise an fünf Tagen in der Woche intermittierst und am Wochenende lockerer lässt, kann das trotzdem einen positiven Effekt auf dein Gewicht und dein Wohlbefinden haben.

Flexibel, einfach und gut integrierbar

Ob Frühaufsteher oder Langschläfer – das Modell lässt sich an deinen Alltag anpassen. Du musst keine besonderen Lebensmittel kaufen, keine komplizierten Pläne erstellen. Du brauchst nur eine Uhr und ein bisschen Disziplin. Und wenn du erstmal ein paar Tage durchgehalten hast, wird das Fasten zur Routine – viele berichten sogar, dass sie sich auf die Fastenzeit freuen, weil sich der Körper leicht und entlastet anfühlt.

Also: Gib dem Fasten eine Chance. Du musst es nicht jeden Tag machen, aber vielleicht sind ein paar feste Fastentage pro Woche genau das, was dir auf deiner Abnehmreise gefehlt hat.

TIPP 95: AUSREICHEND EIWEISS ESSEN

Wer abnehmen möchte, denkt oft zuerst daran, weniger zu essen oder Kalorien zu zählen. Was dabei jedoch viel zu häufig übersehen wird: Die *Qualität* der Kalorien ist mindestens genauso entscheidend wie deren Menge. Und genau hier kommt Eiweiß ins Spiel – das vielleicht wichtigste

Makronährstoff-Werkzeug für alle, die Fett verlieren, Muskeln erhalten oder einfach nur lange satt bleiben wollen.

Warum Eiweiss so wichtig ist

Eiweiß (auch *Protein* genannt) übernimmt im Körper viele zentrale Aufgaben: Es ist Baustein für Muskeln, Organe, Haut, Haare und Enzyme. Vor allem beim Abnehmen spielt es eine tragende Rolle, denn es sättigt besonders gut, schützt deine wertvolle Muskelmasse und bringt sogar deinen Stoffwechsel in Schwung.

Sättigung ohne Kalorien-Overload

Eiweißreiche Lebensmittel haben eine hohe Sättigungswirkung – das bedeutet, du fühlst dich nach einer proteinreichen Mahlzeit deutlich länger satt als nach einem kohlenhydratlastigen Snack. Warum? Weil die Verdauung von Eiweiß länger dauert und die entsprechenden Hormone zur Sättigung stärker ausgeschüttet werden.

Ein Frühstück mit Rührei, Skyr oder Proteinporridge hält dich locker bis zum Mittagessen satt – ohne dass du dich zwischendurch mit Heißhunger auf die Keksdose stürzt.

Schutz vor Muskelabbau beim Abnehmen

Wenn du im Kaloriendefizit bist, also mehr Energie verbrauchst, als du zu dir nimmst, greift dein Körper irgendwann auf Reserven zurück. Damit dabei nicht wertvolle Muskelmasse verloren geht, braucht er vor allem eines: Eiweiß.

Denn Muskeln sind „teures Gewebe", das dein Körper nicht behalten will, wenn er hungert – es sei denn, du gibst ihm einen Grund dazu. Und dieser Grund ist: ausreichend Protein + regelmäßig Bewegung (am besten Krafttraining). So sicherst du dir eine straffe, definierte Figur, anstatt einfach nur „leichter" zu werden.

Eiweiss verbrennt Kalorien – sogar beim Verdauen

Ein oft unterschätzter Fakt: Die Verdauung von Eiweiß kostet den Körper mehr Energie als die von Kohlenhydraten oder Fetten. Dieser sogenannte „*thermische Effekt*" oder auch „*nahrungsinduzierte Thermogenese*" sorgt dafür, dass du mit einer eiweißreichen Ernährung sogar im Ruhezustand ein paar Extra-Kalorien verbrennst.

Anders gesagt: Allein dadurch, dass du ein gutes Stück Hähnchenbrust oder eine Portion Linsen verdaut hast, verbrennt dein Körper bereits mehr Energie als bei einer Schale Weißbrot. Es werden bis zu 30% der Kalorien, die durch Proteine aufgenommen werden, durch deren Verdauung und Verarbeitung direkt wieder verstoffwechselt.

Eiweiss reduziert das Verlangen nach Snacks

Du hast gerade erst gegessen – und eine Stunde später denkst du schon wieder ans Essen? Häufig ist das ein Zeichen dafür, dass deine Mahlzeit zu wenig Eiweiß enthalten hat. Denn Proteine helfen, den Blutzuckerspiegel stabil zu halten, wodurch Heißhungerattacken deutlich seltener auftreten.

Ein Joghurt mit Beeren oder ein paar hartgekochte Eier als Snack zwischendurch können Abhilfe schaffen. Der kleine Hunger zwischendurch? Er wird sich plötzlich deutlich seltener melden, und du lässt leichter die Finger weg von dem gezuckerten Milchreis.

Wie viel Eiweiss brauchst du wirklich?

Die Empfehlungen variieren je nach Aktivitätslevel, Geschlecht, Alter und Ziel. Eine gute Faustregel: Wer abnehmen und gleichzeitig seine Muskulatur erhalten möchte, sollte etwa 1,5 bis 2,5 Gramm Eiweiß pro Kilogramm Körpergewicht pro Tag anstreben.

Für eine 70-Kilo-Person bedeutet das: ca. 105 bis 175 Gramm Protein täglich. Klingt nach viel? Mit ein bisschen Übung und Planung bekommst du das gut hin – versprochen.

Gute Eiweissquellen im Alltag

- **Tierisch**: Eier, Hähnchen, Rind, Fisch, Magerquark, Skyr, griechischer Joghurt, Käse (in Maßen)

Pflanzlich: Linsen, Kichererbsen, Sojaprodukte (Tofu, Tempeh), Quinoa, Haferflocken, Nüsse, Samen

Supplemente: Proteinpulver auf Molke-, Casein- oder Pflanzenbasis – besonders praktisch für unterwegs oder nach dem Training

Eiweiß ist dein bester Freund beim Abnehmen

Eine eiweißreiche Ernährung ist der perfekte Begleiter auf deinem Weg zum Wunschgewicht: Sie macht satt, schützt deine Muskeln, unterstützt den Fettabbau und bringt deinen Stoffwechsel auf Trab. Wer sich konsequent proteinreich ernährt, kommt deutlich entspannter durch seine Abnehmphase – mit weniger Heißhunger, besserer Körperzusammensetzung und mehr Energie.

Also, überdenke deinen nächsten Speiseplan – und frage dich: Ist da genug Eiweiß drin?

TIPP 96: REGELMÄSSIG SPAZIEREN GEHEN

Wenn es ums Abnehmen geht, denken viele sofort an schweißtreibende Workouts, stundenlanges Schwitzen im Fitnessstudio oder High-Intensity-Trainingseinheiten. Doch ein simpler, altbewährter Begleiter wird dabei häufig unterschätzt: der gute alte Spaziergang.

So banal es klingen mag – regelmäßige Spaziergänge können eine echte Wunderwaffe für deinen Stoffwechsel, deine Fettverbrennung und dein gesamtes Wohlbefinden sein. Und das ganz ohne Druck, Leistungsdenken oder Muskelkater. Ich erwähnte das schon in einem früheren Tipp, doch jetzt lass uns nochmal genauer hinschauen.

Bewegung ohne Überforderung

Nicht jeder ist der Typ für knallhartes Krafttraining oder tägliches Joggen. Und das ist völlig okay. Bewegung muss nicht immer extrem sein, um effektiv zu sein. Spaziergänge bieten dir eine sanfte, gelenkschonende und dennoch wirkungsvolle Möglichkeit, mehr Bewegung in deinen Alltag zu bringen – ganz ohne Stress oder sportliche Vorerfahrung.

Gerade für Anfänger, Menschen mit Übergewicht oder körperlichen Beschwerden ist Spazierengehen eine ideale Einstiegsmethode, um den Körper wieder an regelmäßige Aktivität zu gewöhnen.

Fettverbrennung im optimalen Bereich

Wusstest du, dass dein Körper bei moderater Belastung – wie beim Spazierengehen – besonders effektiv Fett verbrennt? Bei niedriger Intensität nutzt dein Körper bevorzugt Fett als Energiequelle. Du bist also im sogenannten „Fettverbrennungsbereich“, ohne dich komplett zu verausgaben.

Vor allem bei Spaziergängen auf nüchternen Magen oder nach dem Essen kommt dieser Effekt besonders gut zum Tragen. Bonus: Du bekommst gleichzeitig frische Luft, Vitamin D (bei Tageslicht) und einen klaren Kopf.

Spaziergänge helfen, Kalorien zu verbrennen

Auch wenn Spazierengehen keine Hochleistungssportart ist: Es verbrennt Kalorien – und das ganz nebenbei. Eine 30-minütige Runde kann je nach Tempo, Körpergewicht und Gelände 150–250 Kalorien verbrennen. Klingt erstmal nicht viel, aber in der Summe macht es einen riesigen Unterschied.

Beispiel: 5 Spaziergänge à 30 Minuten pro Woche = ca. 1.000 zusätzliche Kalorien, die du verbrennst – ohne ins Schwitzen zu geraten. Und du musst dafür nicht mal deine Kleidung wechseln oder ins Fitnessstudio fahren.

Stärkung von Herz und Kreislauf

Regelmäßiges Gehen verbessert nicht nur deine Ausdauer, sondern wirkt sich auch positiv auf dein Herz-Kreislauf-System aus. Der Blutdruck wird reguliert, die Durchblutung verbessert und die Sauerstoffversorgung im Körper optimiert. Und das alles mit einer Bewegung, die jeder kennt und sofort umsetzen kann.

Selbst die Weltgesundheitsorganisation (WHO) empfiehlt 10.000 Schritte am Tag – mit einem Spaziergang kommst du diesem Ziel ganz leicht näher.

Bewegung gegen Stress und Frustessen

Ein weiterer wichtiger Vorteil: Spazierengehen wirkt wunderbar gegen Stress. Schon ein kurzer Spaziergang von 15–20 Minuten kann helfen,

Stresshormone wie Cortisol abzubauen, die sonst den Fettabbau blockieren – besonders im Bauchbereich.

Außerdem kann ein Spaziergang in Momenten emotionalen Essens (z. B. bei Frust oder Langeweile) eine wichtige Ablenkung bieten. Anstatt zur Schokolade zu greifen, drehst du eine Runde um den Block – und tust Körper, Geist und Zielgewicht gleichzeitig etwas Gutes.

Verdauung fördern nach dem Essen

Nach einer Mahlzeit direkt auf die Couch? Lieber nicht! Nach dem Essen sollst du ruhen oder tausend Schritte tun, heißt es doch. Letzteres unterstützt die Verdauung, beugt Blutzuckerspitzen vor und hilft dem Körper dabei, die Mahlzeit besser zu verarbeiten. Bereits ein 10- bis 15-minütiger Verdauungsspaziergang kann hier einen echten Unterschied machen.

Zeit für dich selbst oder zum Abschalten

Viele unterschätzen den mentalen Aspekt von Spaziergängen. Sie bieten dir die Möglichkeit, den Kopf frei zu bekommen, bewusst zu atmen, den Alltagsstress loszulassen und vielleicht sogar neue Gedanken zu sortieren. Ob mit Musik, einem Podcast oder einfach in Stille – deine tägliche Runde kann zu einem festen Ritual werden, das dich nicht nur körperlich, sondern auch seelisch stärkt.

So baust du mehr Schritte in deinen Alltag ein

- Geh zu Fuß zum Einkaufen oder zur Arbeit (wenn möglich).
- Steige eine Haltestelle früher aus.
- Führe Telefonate im Gehen (super effizient!).
- Nutze die Mittagspause fur eine kleine Runde um den Block.
- Plane mit der Familie oder Freunden einen Abendspaziergang ein.
- Leih dir einen Hund aus (Spaß beiseite – aber Hundehalter sind meist fitter!).

Packe es entspannt an. Wenn du es schaffst, jeden Tag 20–30 Minuten zu gehen, hast du bereits einen riesigen Beitrag für deinen Abnehmerfolg geleistet – und das mit minimalem Aufwand.

Also, Schuhe an und los geht's. Außer du bist sogar schon barfuß unterwegs. Du wirst überrascht sein, wie viel Kraft in einem kleinen Spaziergang steckt.

TIPP 97: LANGSAM, BEWUSST UND OHNE ABLENKUNG ESSEN

Ich kann es nicht oft genug sagen. In der heutigen Zeit essen wir häufig nebenbei – im Gehen, beim Scrollen am Handy, vor dem Fernseher oder am Laptop. Essen ist zur Nebensache geworden, ein Mittel zum Zweck. Hier liegt ein großes, gern übersehenes Potenzial: Bewusstes, achtsames Essen kann nicht nur dein Verhältnis zu Nahrung verbessern, sondern dir auch effektiv beim Abnehmen helfen – und das ohne zusätzliche Einschränkungen oder komplizierte Regeln.

Achtsames Essen bedeutet, den Fokus ganz auf die Mahlzeit und den Moment zu legen. Klingt simpel, ist es auch – und gleichzeitig enorm wirkungsvoll.

Der erste Bissen beginnt im Kopf

Dein Essverhalten beginnt nicht erst, wenn die Gabel den Mund erreicht, sondern in deinem Kopf. Schon die Entscheidung, wie du isst – langsam oder schnell, abgelenkt oder konzentriert –, hat maßgeblichen Einfluss auf dein Sättigungsgefühl, deinen Appetit und dein Essverhalten im Allgemeinen.

Wer langsam und bewusst isst, gibt dem Körper Zeit, Sättigungssignale zu senden. Das dauert im Durchschnitt etwa 15 bis 20 Minuten. Wer hingegen schlingt und hastig isst, überhört diese Signale leicht – und isst deutlich mehr, als eigentlich nötig wäre.

Mehr Genuss, weniger Kalorien

Langsam und achtsam zu essen bedeutet, den Geschmack intensiver wahrzunehmen, die Konsistenz zu spüren, die Aromen zu erkennen. Du genießt dein Essen viel stärker – und brauchst dadurch oft auch weniger davon. Der Klassiker: Ein Stück Schokolade langsam im Mund zergehen lassen – das kann dir mehr Befriedigung geben als eine halbe Tafel, die du während einer Netflix-Folge unbewusst verdrückst.

Ohne Ablenkung isst du automatisch weniger

Fernsehen, Social Media oder E-Mails während des Essens führen dazu, dass du dich weniger auf dein Hungergefühl konzentrierst. Die Folge: Du isst schneller, kaust schlechter, fühlst dich weniger gesättigt und greifst eher zu Nachschlag. In Eile zu schlingen ist genauso wenig empfehlenswert. Die Ablenkung durch Bildschirme oder Stress hemmt den bewussten Kontakt mit deinem Körper.

Schaffe dir beim Essen deshalb eine klare Umgebung: Handy weg, Fernseher aus, Laptop zu. Setz dich an einen gedeckten Tisch, auch wenn du alleine isst. Zeig dir selbst, dass dein Essen Aufmerksamkeit verdient – das verändert nicht nur dein Verhältnis zur Nahrung, sondern auch deinen Appetit.

Kauen ist der erste Verdauungsschritt

Langsames Essen bedeutet auch: gründlich kauen. Die Verdauung beginnt im Mund – und je besser du dein Essen kaust, desto leichter hat es dein Magen. Außerdem wird durch das Kauen Speichel freigesetzt, der Enzyme enthält, die schon vorab mit der Nahrungsaufspaltung beginnen. Kauen entschleunigt das Essen automatisch und gibt dir Zeit, achtsamer mit dir selbst umzugehen.

Mein Rat: Versuche, jeden Bissen mindestens 20–30 Mal zu kauen. Das klingt anfangs ungewohnt, aber du wirst merken, dass du schneller satt wirst – und dich danach wohler fühlst.

Achte auf echte Sättigungssignale

Oft essen wir aus Langeweile, Frust, Stress oder Gewohnheit – nicht aus echtem Hunger. Achtsames Essen bedeutet auch: Unterscheide echten von emotionalem Hunger. Frag dich vor jeder Mahlzeit: „Habe ich wirklich körperlichen Hunger? Oder esse ich aus einem anderen Grund?"

Während der Mahlzeit hilft es, regelmäßig innezuhalten und sich selbst zu fragen: „Bin ich noch hungrig – oder schon satt?" Wenn du lernst, auf diese Signale zu hören, wird dein Körper dir genau sagen, wann es genug ist. Du brauchst keine App oder Waage, sondern nur ein bisschen Aufmerksamkeit.

Rituale stärken die Achtsamkeit

Mach das Essen wieder zu einem kleinen Ritual. Nimm dir ein paar Minuten Zeit, um das Essen anzurichten, vielleicht sogar die Tischdecke oder ein schönes Geschirr zu wählen. Diese kleinen Rituale helfen dir, dein Essen zu würdigen – und damit auch deinen Körper.

Wenn du dein Essen mit Dankbarkeit betrachtest, wirst du es ganz von selbst mit mehr Bewusstsein konsumieren. Auch das ist Selbstfürsorge – und trägt langfristig dazu bei, dass du bessere Entscheidungen triffst.

So kannst du achtsames Essen trainieren

- Leg das Besteck nach jedem Bissen kurz ab.
- Trinke zwischen den Bissen einen Schluck Wasser.
- Starte deine Mahlzeit mit einem tiefen Atemzug.
- Iss für mindestens 10 Minuten in völliger Ruhe.
- Vermeide es, im Stehen oder unterwegs zu essen.
- Konzentriere dich auf Geschmack, Geruch, Textur und Temperatur.
- Achte auf Körpersignale: Magenknurren, Sättigung, Zufriedenheit.

Merk dir: Du musst nicht weniger essen, um abzunehmen – du musst besser essen. Und besser bedeutet: bewusster, achtsamer, langsamer.

TIPP 98: FEIERE DEINE ERFOLGE – AUCH DIE KLEINEN!

Beim Abnehmen neigen viele dazu, sich ausschließlich auf das große Ziel zu fokussieren – sei es eine bestimmte Zahl auf der Waage, ein Konfektionsziel oder ein optisches Idealbild. Doch auf diesem Weg übersieht man oft die vielen kleinen Erfolge, die genauso gefeiert werden sollten. Denn genau diese Meilensteine sind es, die dich motivieren, dranzubleiben, nicht aufzugeben und weiterzumachen – auch wenn es mal schwerfällt. Lass uns gemeinsam einen Blick darauf werfen, warum es so wichtig ist, auch die kleinen Fortschritte wertzuschätzen.

Warum kleine Erfolge so bedeutend sind

Kleine Schritte führen langfristig zum großen Ziel. Wenn du wartest, bis du dein Endziel erreicht hast, bevor du dich über deinen Fortschritt freust, verpasst du jede Menge Gelegenheiten, deine Motivation aufrechtzuerhalten. Du läufst dadurch eher Gefahr, auf der Strecke zu verdursten und aufzugeben. Ein verlorenes Kilo, eine Woche ohne Heißhungerattacken, ein durchgehaltener Sportplan oder der Griff zum Apfel statt zur Schokolade – all das sind Erfolge, die du dir auf die Fahne schreiben darfst und solltest.

Motivation durch Anerkennung

Die regelmäßige Anerkennung deiner Fortschritte hilft dir, motiviert zu bleiben. Belohnungen müssen dabei nicht immer materiell sein. Ein Kompliment im Spiegel, ein bewusst genossener Spaziergang in der Sonne oder ein entspanntes Bad können ebenso belohnend sein wie neue Kleidung oder ein schönes Accessoire. Und wenn du magst, darfst du dir natürlich auch ein neues Sportoutfit gönnen – schließlich hast du dir das verdient. Und vielleicht passen deine alten Sachen ja dank deines Fortschritts auch schon gar nicht mehr.

Ein Erfolgstagebuch kann Wunder wirken

Wenn du Schwierigkeiten hast, deine Fortschritte wahrzunehmen, führe ein kleines Erfolgstagebuch. Notiere dir täglich oder wöchentlich, was dir besonders gut gelungen ist. Du wirst überrascht sein, wie viel du tatsächlich geschafft hast – vor allem an Tagen, an denen du denkst, es ginge nichts voran.

Vergleiche dich nur mit dir selbst

Dein Fortschritt ist individuell. Was für andere leicht erscheint, kann für dich eine riesige Leistung sein – und umgekehrt. Der einzige Vergleich, der zählt, ist der mit deinem früheren Ich. Bist du heute ein bisschen fitter, bewusster, disziplinierter oder entspannter als noch vor einer Woche? Dann ist das ein voller Erfolg.

Erfolg ist mehr als eine Zahl auf der Waage

Indem du lernst, auch die kleinen Fortschritte zu feiern, baust du dir eine positive innere Haltung auf, die dich beflügelt und durch schwierige Phasen trägt. Erfolge motivieren, stärken dein Selbstvertrauen und erinnern dich daran, wie weit du schon gekommen bist. Also: Klopf dir ruhig öfter mal selbst auf die Schulter. Du machst das großartig – und jeder kleine Schritt bringt dich deinem Ziel ein großes Stück näher. Wie heißt es so schön? Der Weg ist das Ziel.

TIPP 99: DU GEHST DEINEN EIGENEN WEG

Soeben bereits kurz angeschnitten, hat dieses Thema sein eigenes Kapitel verdient. In Zeiten von Social Media ist es nahezu unmöglich, sich nicht ständig mit anderen zu vergleichen. Ob gewollt oder ungewollt. Perfekte Körper, durchtrainierte Fitness-Influencer *hust*, makellose Ernährung – alles scheint so mühelos zu funktionieren. Doch was du dabei schnell vergisst: Du siehst immer nur einen Ausschnitt, ein Hochglanz-Bild, das nicht die ganze Geschichte erzählt. Ich weiß, wovon ich spreche, denn ich kenne viele aus der Szene und zeige zugegeben selbst auch nicht jedes Stück Schokolade, welches ich verputze. Aber immerhin ab und zu, um meinen Followern einen persönlicheren und möglichst realistischen Einblick in mein Leben und Lifestyle zu gewähren.

Merke dir: Dein Weg ist einzigartig, und genau das macht ihn wertvoll. Der ständige Vergleich mit anderen kann entmutigen, stressen und sogar zu falschen Entscheidungen führen – besonders wenn es ums Abnehmen geht. Deshalb ist es enorm wichtig, den Blick auf dich selbst zu richten und deinen Fortschritt an deinen eigenen Zielen zu messen.

Jeder Körper ist anders

Was bei anderen funktioniert, muss nicht automatisch auch für dich funktionieren. Dein Stoffwechsel, deine Gene, dein Alltag – all das ist individuell. Nur weil jemand in zwei Wochen fünf Kilo verloren hat, heißt das nicht, dass du das auch kannst, musst oder solltest. Vielleicht verlierst du langsamer an Gewicht, baust aber gleichzeitig Muskulatur auf, die deine Form deutlich verbessert. Vielleicht hast du eine ganz andere Ausgangsposition hinsichtlich Größe, Gewicht, Alter, Geschlecht und Körperfettanteil. Oder du hast andere Erfolge – etwa, dass du wieder besser schläfst, weniger Rückenschmerzen hast oder dich fitter fühlst. Auch das zählt. Dein Körper ist nicht dafür gemacht, wie der von jemand anderem auszusehen. Er ist gemacht, um *dein Leben* zu leben.

Vergleich macht unglücklich

Der ständige Vergleich lenkt den Fokus von dir selbst ab. Anstatt dich über deine Fortschritte zu freuen, zweifelst du an dir. Dabei ist es so wichtig, Erfolge – egal wie klein – bewusst wahrzunehmen und zu feiern. Vielleicht hast du es geschafft, eine Woche lang auf Softdrinks zu verzichten oder bist dreimal zum Training gegangen. Das ist ein großer Schritt! Lass dir diesen Erfolg nicht durch einen Instagram-Post von jemand anderem nehmen, der – angeblich – täglich trainiert. Was ohnehin ungesund wäre.

Du weisst nie, was hinter den Kulissen passiert

Viele Menschen zeigen nur ihre Schokoladenseite. Du weißt nicht, ob jemand stundenlang hungert, ungesund abnimmt oder sein Foto mit einer App bearbeitet hat. Du weißt auch nicht, welchen Preis diese Person für ihren Körper zahlt – physisch oder psychisch. Chirurgisch ist wohl eine weitere Möglichkeit, die ich hier aufzählen sollte. Was du aber weißt: Dein Weg ist echt. Deine Erfolge sind ehrlich. Und du machst es *für dich* – nicht für Likes oder Applaus von anderen.

Fokus auf deinen Fortschritt

Vergleiche dich mit dir selbst – mit deinem Ich von gestern, letzter Woche oder letztem Monat. Halte fest, was sich verbessert hat: dein Energielevel, deine Stimmung, dein Fitnessniveau, dein Essverhalten. Wenn du dir erlaubst, in deinem Tempo zu wachsen, wirst du nicht nur zufriedener, sondern auch erfolgreicher. Denn echte Veränderung entsteht durch Beständigkeit, nicht durch Druck.

Du bist dein bester Maßstab. Feiere deine kleinen und großen Erfolge, lerne aus Rückschlägen und vertraue deinem Prozess. Du bist nicht auf dieser Reise, um jemand anderem ähnlich zu sehen. Du bist auf dieser Reise, um die beste Version von *dir selbst* zu werden. Und das gelingt dir Schritt für Schritt – Tag für Tag.

TIPP 100: HALTE DURCH – KONSTANZ SCHLÄGT PERFEKTION

Du hast es bis hierher geschafft – 100 Tipps gelesen, verstanden und vielleicht schon einiges umgesetzt. Und nun kommt der vielleicht wichtigste Rat von allen: *Bleib dran.* Halte durch. Denn das Geheimnis erfolgreichen Abnehmens ist nicht die perfekte Mahlzeit, das härteste Workout oder die ausgefallenste Diät – es ist die Konstanz.

Perfektion ist eine Illusion. Aber Dranbleiben? Das ist echte Stärke. Und genau darum geht's jetzt.

Fehler sind kein Rückschritt – sondern Teil des Weges

Jeder Mensch hat schwächere Momente. Mal isst du mehr als geplant, mal lässt du das Training ausfallen oder hast einfach keine Lust. Das ist völlig okay – entscheidend ist nicht, dass du nach Perfektion strebst, sondern dass du weitermachst. In deinem Tempo. Du musst nicht jeden Tag „100 Prozent" geben, du musst nur *nicht aufgeben*. Stell dir vor, du steigst in einen Zug, der Richtung Zielbahnhof fährt. Nur weil er mal ein paar Minuten Verspätung hat, steigst du ja auch nicht aus, oder?

Erfolge brauchen Zeit – und Wiederholung

Die Erfolge beim Abnehmen kommen nicht über Nacht, sondern über Wochen und Monate – durch wiederholte kleine Entscheidungen: jeden Tag ein bisschen Bewegung, jeden Tag bewusster essen, jeden Tag mehr auf dich selbst achten. Diese Regelmäßigkeit bringt dich ans Ziel. Selbst wenn du mal ins Stolpern gerätst, geht es weiter. Hauptsache, du bleibst in Bewegung.

Motivation kommt und geht – Disziplin bleibt

An manchen Tagen bist du hochmotiviert. An anderen fragst du dich, wofür du das alles machst. Und genau da kommt Disziplin ins Spiel. Nicht im Sinne von Zwang oder Strenge – sondern im Sinne von liebevoller Verlässlichkeit dir selbst gegenüber. Du weißt, dass du dir selbst etwas Gutes tust, und das genügt. Du handelst auch dann, wenn du keine Lust hast – und genau dadurch wirst du stärker.

Kleine Schritte – grosse Wirkung

Oft unterschätzen wir, was wir in einem Jahr schaffen können – und überschätzen, was in einer Woche möglich ist. Der beste Plan ist nichts wert, wenn er nicht umgesetzt wird. Aber selbst die kleinsten Gewohnheiten – ein Glas Wasser mehr, eine zusätzliche Portion Gemüse, ein Spaziergang – summieren sich. Ein Jahr lang jeden Tag zehn Minuten Bewegung sind über 60 Stunden Bewegung, ohne dass du es groß merkst. Diese kleinen Dinge machen den Unterschied.

Du bist viel weiter, als du denkst

Wenn du bis hierher gelesen hast, bist du schon über dich hinausgewachsen. Du hast reflektiert, dich informiert, Schritte umgesetzt und dich auf den Weg gemacht. Vergiss nie: Du hast alles, was du brauchst, um dein Ziel zu erreichen – in dir. Du musst nur weitergehen.

Gib nicht auf – du bist auf dem richtigen Weg

Halte durch, auch wenn es mal schwerfällt. Nicht Perfektion, sondern Konstanz bringt dich ans Ziel. Dein Weg ist nicht geradlinig – aber jeder Schritt zählt. Sei stolz auf das, was du schon erreicht hast. Und erinnere dich daran: Der Erfolg liegt nicht im Durchziehen eines perfekten Plans. Er liegt darin, nicht aufzuhören. *Denn wer weitergeht, kommt immer an.*

SCHLUSS-BEMERKUNG

DEIN WEG FÄNGT GERADE ERST AN

Moment mal... waren das wirklich schon alle 100 Tipps? Kommt dir fast zu kurz vor, oder? Vielleicht hast du beim Lesen gar nicht gemerkt, wie viel Wissen, Motivation und praktische Ideen sich hier angesammelt haben. Und keine Sorge, falls du dich nicht an jeden einzelnen erinnern kannst – du kannst jederzeit zurückblättern und dir Inspiration holen, wenn du gerade einen Schub Motivation brauchst, einen neuen Impuls suchst oder dein Wissen vertiefen möchtest.

Wie viele dieser Tipps setzt du bereits um? Vielleicht mehr, als du denkst. Vielleicht ist dir während des Lesens auch bewusst geworden, dass du mit ein paar kleinen Umstellungen schon große Fortschritte machen kannst. Genau darum geht es: Nicht alles auf einmal ändern zu müssen, sondern Schritt für Schritt. Ein Anfang genügt – und wenn dieser Anfang zur Routine wird, kommt der Rest fast von allein.

Der Name **F*CK DIÄT** ist nicht nur ein Titel. Es ist ein Versprechen an dich – und eine Einladung an all jene, die das Gefühl haben, schon alles versucht zu haben, ohne langfristigen Erfolg. An alle, die einfach keinen Bock (mehr) auf Einschränkungen und eine Diät haben, die am Ende nicht hält, was sie verspricht. In meinem 1:1-Coaching frage ich meine Klientinnen und Klienten oft: „Wie lange hat es gedauert, bis die überschüssigen Kilos sich angesammelt haben?" Die Antwort ist meist die gleiche: über viele Jahre – oft unbemerkt, schleichend, ohne große Veränderungen im Alltag. Oder vielleicht doch, nur eben nicht die richtigen.

Diese 100 Tipps sollen deine Augen öffnen. Sie bieten dir die Möglichkeit, kleine Stellschrauben in deinem Leben zu drehen, ohne gleich alles umkrempeln zu müssen. Denn dauerhaftes Abnehmen ist kein Sprint. Es ist ein Marathon. Es ist ein neues Lebensgefühl.

Ein Übermaß an Kalorien, Zucker und Körperfett belastet uns – körperlich und mental. Wenn wir mit uns selbst unzufrieden sind, ziehen wir uns zurück, werden träger, verlieren Energie. Das erzeugt einen Teufelskreis, aus dem viele nur schwer ausbrechen können. Aber es geht. Du hast es mit diesem Buch schon bewiesen: Du bist bereit, Verantwortung zu übernehmen – für deinen Körper, deine Gesundheit und dein Wohlbefinden.

Ein aktiver Lebensstil, Bewegung an der frischen Luft, gute Ernährung – all das macht dich stärker, zufriedener und selbstbewusster. Es schenkt dir nicht nur mehr Lebensqualität, sondern auch mehr Lebensfreude. Dabei soll es nicht um ständige Verbote gehen. Kuchen am Geburtstag, ein Glas Wein am Wochenende oder eine Pizza mit Freunden – all das darf Platz haben. Wichtig ist, dass du lernst, bewusst zu genießen und die Balance zu halten.

Die Kilos müssen nicht in Rekordzeit verschwinden. Es geht nicht darum, in 30 Tagen „perfekt" zu sein. Es geht darum, deinen Weg zu finden. Einen Weg, der funktioniert. Für dich. Mit all deinen Vorlieben, deinem Alltag, deinen Möglichkeiten. Und dafür brauchst du keinen perfekten Plan, sondern Ausdauer, Geduld und das Wissen, dass du es schaffen kannst.

Bleib dran. Mach weiter. Und vergiss nie: *Consistency is key.*

Wenn du mehr Motivation, Alltagstipps oder Einblicke in meine eigene Fitness- und Ernährungsroutine möchtest, folg mir gern auf Instagram unter @patrickfabianofficial. Lass uns dort in den Austausch gehen, kommentiere meine Beiträge oder stell mir deine Fragen in einer meiner regelmäßigen Fragerunden.

Und wenn du dir individuelle Unterstützung wünschst – ein ganz auf dich abgestimmtes 1:1-Coaching –, dann melde dich für ein kostenloses Erstgespräch unter www.patrickfabianfitness.de an. Ich erstelle dir deinen persönlichen Ernährungs- und Trainingsplan, angepasst an dein Ziel, deine Lebensumstände und deine Vorlieben. Gemeinsam finden wir einen Weg, der funktioniert und dich auch langfristig glücklich macht.

Danke, dass du dieses Buch gelesen hast. Ich wünsche dir von Herzen viel Erfolg auf deiner Reise – und ganz viel Freude auf dem Weg zu deinem besten Ich.

Du kannst das schaffen. Ich glaube an dich.

Herzlichen Glückwunsch! Du hast den ersten und wichtigsten Schritt gemacht und dir das Wissen aus diesem Buch angeeignet. Aber wir beide wissen: Wissen ist nur potenzielle Macht. Wirkliche Macht entsteht erst durch die Umsetzung.

Damit du die 100 Hacks nicht nur kennst, sondern sie spielend leicht in deinen Alltag integrierst, habe ich ein exklusives „Diät-Befreiungs-Kit“ für dich zusammengestellt – komplett kostenlos für dich als Leser!

Das wartet in deinem Bonus-Paket auf dich:

☑ Der Interaktive Cheat-Meal-Planer: Lerne, wie du Pizza, Pasta und Wein in deine Woche einbaust, ohne deine Erfolge zu sabotieren.

☑ Der „Supermarkt-Detektiv“ (PDF-Spickzettel): Entlarve die 20 häufigsten Zucker-Tarnnamen direkt beim Einkauf.

☑ Die Insulin-Falle (Exklusiv-Video): Warum manche Menschen trotz Sport nicht abnehmen und wie du diesen Fehler in 24h korrigierst.

☑ 10.000-Schritte-Hacks für Faule: Wie du deinen Kalorienverbrauch im Alltag maximierst, ohne jemals „Sport“ machen zu müssen.

SO HOLST DU DIR DEINEN BONUS:

1. Öffne die Kamera-App auf deinem Smartphone.
2. Scanne den QR-Code oben, oder gehe auf www.orbita-media.de/abnehmen-bonus.
3. Sichere dir sofortigen Zugriff auf dein persönliches Toolkit.

Ich freue mich darauf, dich auf deiner weiteren Reise zu begleiten!

Dein Patrick

IMPRESSUM

1. Auflage 2026

Ericusspitze 4
D - 20457 Hamburg

ISBN: 978-3-98935-342-8

Projektleitung: Stefan Schott, Noah Malik, Stephanie Weichhold
Lektorat: Inga Kristin Rickert
Umschlaggestaltung: Daniela Patricia Brenner
Buchsatz: Martha Bodnyk
Printed in: European Union

Bildnachweise
Fotos: Patrick Fabian
Dir hat das Buch gefallen?
Wir freuen uns sehr über dein Feedback auf Amazon oder Thalia.

Du hast Anregungen oder Verbesserungsvorschläge?
Schreibe uns eine E-Mail an feedback@orbita-media.de.